心理学译丛

Modern Psychometrics:
The Science of Psychological Assessment,4e

John Rust
Michal Kosinski
David Stillwell

现代心理测量

（第4版）

约翰·罗斯特

[英]迈克尔·科辛斯基　著

戴维·史迪威

孙鲁宁　李思瑶　译

骆　方　审校

中国人民大学出版社

·北京·

序

　　感谢骆方教授的邀请，很荣幸可以为约翰·罗斯特教授、迈克尔·科辛斯基教授和戴维·史迪威教授的著作《现代心理测量（第4版）》中文版作序。

　　约翰·罗斯特教授是英国第一位心理测量学教授，作为英国剑桥大学心理测量中心的创始人，他对英国乃至世界心理测量这门学科的发展做出了重要的贡献。我有幸与罗斯特教授有过两次会面。2012年，罗斯特教授与科辛斯基教授一同来到北京举办心理测量学研讨会。在此期间，我与罗斯特教授进行了座谈。当聊起早期的工作经历时，我们惊奇地发现，在相近的时间段里，我们分别在中国和英国主持了韦氏儿童智力测验和瑞文推理测验的标准化研究。这段类似的经历让我对罗斯特教授留下了深刻的印象。2015年，在北京师范大学举办的国际心理测量研讨会上，我与罗斯特教授再次相遇。此时的剑桥大学心理测量中心在罗斯特教授的带领下，已经在基于数字足迹的心理测量领域做出了开创性的研究。科辛斯基教授和史迪威教授的研究成果更是受到了全世界的瞩目。此后数年，北京师范大学心理学部和剑桥大学心理测量中心在心理测量、人工智能与大数据分析等领域一直保持着密切的学术合作，对此我深感欣慰。

　　2020年，我与骆方教授共同发表了《中国心理和教育测量发展》一文。中国的心理测量有着悠久的历史，可追溯至汉代选拔人才的察举制，这应该是世界上最早的大规模高利害测验。然而，科学的心理测量理论与方法则源于西方。罗斯特教授等人所著的《现代心理测量（第4版）》详细介绍了心理测量领域最为前沿的发展，通过具体的案例，阐述了如何运用数字足迹来进行心理特质的预测。本书不仅探讨了网络对于心理测量的影响，还着重说明了大数据分析与人工智能在心理测量领域的应用，并在此基础上，深入探讨了心理测量学未来的发展方向。希望中国的读者们能够从中学习到先进的观念与技术，并与国外的同人一道共同推动心理测量学的发展。

张厚粲

2022 年 3 月

前　言

　　《现代心理测量》第1版出版至今已有30年，在此期间，科学发展取得了长足的进步。我们在第1版和第2版中探讨过的许多对未来的设想，如今已经成为公认的现实。自2009年第3版问世以来，互联网彻底改变了我们的生活。心理测量在其中发挥了重要的作用，其影响大部分是正面的，也有一些是负面的。我们的在线数字活动透露了许多心理测量方面的信息，而人工智能系统正在积极地检索这些信息，并借此帮助企业和政府来影响我们的行为。在这个过程中，企业和政府实现了它们的利益，但偶尔却忽略了我们的感受。与此同时，基于这些信息的心理画像目标定位技术，帮助我们在前所未有的规模上，实现了个性化的学习、信息检索以及消费。这不仅为科技巨头带来了丰厚的利润，也推动了数字经济的发展。

　　另外，心理测量学在大中小学考试系统的改进、人力资源管理领域的招聘与员工发展，以及学术研究工具的开发等方面，继续发挥着核心的作用。本书旨在帮助读者了解心理测量学的理论基础，并为有关领域的专业人士和学者提供一份实用指南。在第4版中，我们不仅介绍了心理测量学的历史，还探讨了计算机技术如何影响智力和人格测验等重要问题。我们愈发认识到，现代心理测量学家这一角色对于确保测评与筛选过程的公平性至关重要，他们必须坚持反对种族主义和反歧视等问题的立场，并且为隐私保护与权力监管等方面的讨论做出应有的贡献。

　　本书详细说明了心理测验开发的所有步骤，读者可以参照这份实用指南，以专业的标准来规划、设计、构建并验证自己的心理测验。其中不仅涵盖了基于知识的能力、能力倾向与成就测验，还包括基于个人的人格、品格、动机、情绪、态度和临床症状的测试。本书对信度、效度、标准化与公平性等心理测量的基本原则进行了全面的阐述，无论是在教育考试机构、人力资源部门还是学术研究领域，掌握与此相关的知识对于测试从业人员来说都是必不可少的。第4版的更新范围广泛，涵盖了心理测量领域的最新进展，是有志于获得测评领域专业资质人员的理想读物。

　　时至今日，互联网技术的发展极大地促进了在线测试的普及。任何一本心理测量领域的读物，如果没有涉及在线测试这一关键问题，那么它都是不完整的。计算机自适应测试和实时题目生成的技术已经不再遥不可及。任何一个心理测量学家，如果想要使用这些技术，只需要了解必要的知识并获取相关的软件即可，而其中很多软件都是开源的，例如由剑桥大学心理测量中心开发的康测通测试平台（Concerto）。目前，心理测量技能的需求量很大，其不仅来自传统市场，还来自新兴的在线应用程序领域。这些应用程序需要了解并测量用户的特质，并据此提供个性化的健康建议、营销策略、在线推荐以及劝告意见等。第4版的更新对这些领域均有所涉猎，这些内容为计算机科学家和人工智能专家提供了专业的建议，能够帮助其开发并理解计算机自适应测试和在线数字足迹分析的工具。

　　第4版三位作者间的合作建立于剑桥大学心理测量中心。我们非常幸运地得到了一个优秀团队的支持，如果没有他们的满腔热情、源源不断的创造力、勃勃雄心以及强大的动力，心理测量领域许多革命性的发展都是不可能实现的。这其中包括 Iva Cek，Fiona Chan，Tanvi Chaturvedi，Kalifa Damani，Bartosz Kielczewski，Shining Li，Przemyslaw Lis，Aiden Loe，Vaishali Mahalingam，Sandra Matz，Igor Menezes，Tomoya Okubo，Vesselin Popov，Luning Sun，Ning Wang 和 Youyou Wu。虽然他们中的许多人如今已经分散到世界的各个角落，但他们的工作仍在继续，并且还有很多事情值得去努力。最后，感谢 Peter Hiscocks 和 Christoph Loch，得益于他们的帮助，心理测量中心得以加入嘉治商学院这一大家庭。我们还要感谢本书的原作者之一 Susan Golombok，感谢她在本书筹备期间给予的慷慨支持。

目 录

第 9 章　智能机器时代的心理测量

第 1 章　心理测量的历史与发展

引言

　　人们常常会对他人的技能、潜力、个性、动机、情绪以及预期行为做出判断。这种判断力自远古以来就一直代代相传。对于人类来说，根据这些属性来评价我们的朋友、家人、同事和敌人是至关重要的能力。在文字出现以后，评价得出的观点和结论得以记录下来。如何对其进行分类、分析和改进，不仅发展成为一门艺术，还演变成了一项技术。在社会治理方面，这项技术正发挥着越来越大的作用。在该领域取得优势已经成为在战争、商业以及政治中获胜的秘诀。与所有技术一样，该项技术的驱动力来自科学，具体来说，是有关人类行为和个体差异心理的科学，而在心理测评领域，指的就是心理测量学。

　　在 20 世纪，早期的心理测量学家在统计学、生物统计学等相关学科的发展中发挥了关键的作用。他们还通过引入愈发完善的测试程序给教育领域带来了翻天覆地的变化，这些测试程序能够在个体的幼年时期就揭示出其潜力。只有同时具备了统计和计算方面的知识，以及大量的数据，心理测量学才能发挥其影响力。今天，我们将大数据视为一项技术革命，然而，早在 100 多年前，以全国人口普查和征兵等形式开展的大规模项目就已经对数百万个体的人类数据进行了分析。对于早期的科学家们而言，这门学科不仅是一个有趣的学术领域，而且因为具有改善我们所有人生活的潜力而散发出巨大的吸引力。事实上，这门学科在很多方面的确改善了我们的生活，但这是一条漫长而崎岖的道路（尝试了许多错误的出发点，途中也经历了很多灾难）。在本章中，我们将首先给出心理测量学的定义，然后对其未来的潜力进行评估，在回顾历史的基础上，对过往的失误提出警告，对当前取得的成就加以肯定，并请大家一道吸取历史的教训。正如人们所言："忘记过去必将重蹈覆辙。"我们一定要吸取前车之鉴，创造一个突破人类极限的未来。

什么是心理测量学?

　　心理测量学是一门有关心理测评的科学，传统上被视为心理学的一个分支，但是它的影响远超心理学的范畴。心理测量学所蕴含的科学原理同样适用于其他形式的测评，例如教育考试、临床诊断、犯罪侦查、信用评级以及员工招聘。早期的心理测量学家在以上所有这些领域都游刃有余。之后，虽然各个领域朝着不同的方向发展，但是依旧遵循着统一的路径，某一领域取得的重大突破往往也会受到其他领域的关注。目前，机器学习技术和大数据分析的应用取得了长足的进步，尤其是在分析我们在线产生的数字足迹方面。这些技术已经开始在广泛的应用中产生重大的影响。这个时代，既令人感到兴奋，又令人感到不安。

我们的许多日常活动都涉及心理测评，例如：

- 测试贯穿了我们的整个教育过程，我们自己、我们的父母、老师以及政策制定者据此了解我们的学习进度 (以及教学成果)。
- 在每个教育阶段结束的时候，我们都会接受评估，获得学历证书，并让下一阶段的学校或者是雇主了解我们的优势和劣势。
- 我们必须通过驾照考试才能开车。
- 我们中的许多人所从事的职业都需要通过某种知识或技能测试。
- 我们采用测评的方式来决定是否给予特定人群（比如学习障碍患者）特殊待遇，以及是否给予某些人奖励。
- 在申请贷款时，我们需要填写信用评分表，它可以用来评估我们偿还债务的能力。
- 在工作中，无论是申请晋升还是寻找新工作，我们都需要接受测试。
- 分析我们的播放列表可以评价我们的音乐品味，并据此向我们推荐新歌。
- 分析我们的社交媒体资料（虽然有时未经我们同意），可以预测我们的人格，并据此投放我们最有可能点击的广告。

测评的方式有很多种，包括工作面试、学校考试、选择题形式的能力倾向测试、临床诊断、连续性测评以及在线足迹分析等。尽管测评的应用领域和表现方式多种多样，但是所有的测评都具有一组共同的基本特征：它们应力求准确，致力于测量既定的内容，所产生的分数可以在人与人之间进行有意义的比较，并且对于特定的族群不存在偏差。测评有好有坏，质量参差不齐，而心理测量学作为一门科学，其目的正是研究如何最大限度地提高我们所使用的测评的质量。

二十一世纪的心理测量学

心理测量学依赖于大规模数据的存在，因此，互联网的出现极大地提高了它的影响力，这也就不足为奇了。互联网的起源大概可以追溯到 1990 年，在位于日内瓦的欧洲核子研究中心（CERN），蒂姆·伯纳斯-李（Tim Berners-Lee）发明了万维网（World Wide Web），他将新开发的超文本标记语言（HTML）与图形用户界面（GUI）相连接，创建了第一个网页。自此以后，万维网不断扩展，使得马歇尔·麦克卢汉（Marshall McLuhan）所畅想的"地球村"成为现实（McLuhan，1964）。这个地球村的人口从 20 世纪 90 年代初的少数学者，到 2005 年发展为一个拥有 10 亿用户的多元化活跃社区，并在 2020 年增长到超过 40 亿用户，占世界人口的 50% 以上。可以这么说，在短短不到 20 年的时间里，网络空间这一崭新的媒介应运而生。这是一门全新的科学，其中既有新的学科、新的专家，当然也有新的问题。这门新的科学在某些方面是与众不同的。虽然生物学仅有 300 年的历史，相比之下心理学则更为"年轻"，但它们的研究对象——人类和生命，已经在世界上存在了数百万年。然而，互联网却并非如此。因此，网络世界是独一无二的，很难预测它的未来。互联网还具有很强的颠覆性，它彻底改变了相邻学科的性质，尤其是计算机与信息科学，以及心理学与其分支心理测量学。

到 2000 年，心理测量学正在逐步向网络世界迁移，这既带来了新的机遇，也带来了新的挑战。对于全球考试机构而言，例如位于普林斯顿的美国教育考试服务中心（ETS）以及英国的剑桥大学考评院（Cambridge Assessment），这一点尤为明显。从积极的方面来看，过去通过公路、铁路和航空从遥远的世界各地安全运送和回收大量试卷而产生的大量物流运输问题已经不复存在。但是，不利的一面是，考试必须安排在上课日或工作日的固定时间进行，这就给考生提供了互通考题的可能。例如，新加坡的考生可以联系他们在墨西哥的朋友，提前获取考题。这样一来，作弊的机会就大大增加了。为了应对这些挑战，主要的考试委员会和测试出版商将目光转向了大型题库以及计算机自适应测试（也被称为心理测量学家版本的机器学习）所具备的优势。然而，真正颠覆了心理测量传统思维方式的是 App 的开发，App 是应用程序（application）的英文缩写，即可以在网络浏览器和手机上运行的软件。

例如，戴维·史迪威（David Stillwell）于 2007 年在脸书（Facebook）上发布了一款名为"myPersonality"的应用程序（Stillwell，2007；Kosinski，Stillwell and Graepel，2013；Youyou，Kosinski and Stillwell，2015）。在该应用程序上，用户可以参与人格测试，并获得自己的测试分数及反馈报告，如果他们愿意的话，还可以与脸书好友分享自己的分数。这款应用程序与当时在脸书上被广泛分享的无数其他测试都很类似，区别在于，它采用了国际人格题目库（IPIP）中一个既定的、经过充分验证的人格测试。该题目库创建于 20 世纪 90 年代，为学术使用提供了一个开源的资源库，以应对测试出版商主宰测试领域的局面。应用程序"myPersonality"获得了始料未及的巨大热度。在短短几年内，这款应用程序就收集了超过 600 万份人格档案。这些资料来自人格测试的爱好者，他们对自己的测试结果和反馈报告很感兴趣，而在以前，只有心理学专业人士才能看到这些结果和反馈报告。这是心理测量学与大数据革命最早的相遇之一。

然而，获得如此庞大的心理测量数据可能会产生意想不到的后果。许多人看到了其在在线广告领域的商机，而在线广告注定会成为数字行业的主要收入来源。万维网自出现以来，便可以通过搜索引擎进行搜索查阅，其中应用最为普遍的便是谷歌。在 20 世纪 90 年代中期，搜索引擎只是简单地提供信息。发展到 2010 年，搜索引擎的使用范围和准确性超出了此前的所有预期，关于任何事物或任何人的信息我们都唾手可得。那些希望被检索到的人很快便成为搜索引擎的活跃分子，而这也成了广告业的新天堂。一场为登上搜索排行榜榜首，或者至少位居搜索首页的争夺战正式打响。自在线广告加入战斗以后，马上形成了一个新的战区，并开始了对关键词的争夺。营销不再是在大街上竖起广告牌，而转为在虚拟空间中树立数字化的形象，并以此来吸引大批客户。到 21 世纪初，没有任何一家企业或组织能够承担不踏足虚拟空间的后果。对于很大一部分客户来说，在虚拟空间中不存在的企业已经基本"绝迹"。

网页是虚拟空间首个普遍开放的数据来源，社交网络则紧随其后，打开了一个全新的世界，其中包含有关用户的个性化个人信息，有待开发利用。在社交网络里，不仅可以获得年龄、婚姻状况、性别、职业和受教育程度等人口统计的基本信息，还可以发现大量新型的数据，例如状态更新和推文中使用的词语、图像、音乐偏好及脸书上的"赞"等。而这些数据资源很快便成为新型信息盛宴中的美味佳肴。科技公司和营销行业对这些信息进行了广泛的挖掘，以帮助它们向最为相关的受众精准投放广告，或者换句话说，向那些最易被广告说服的人进行投放。其中所使用的预测技术与心理测量学家使用了几十年的技术别无二致，例如主成分分析、聚类分析、机器学习、回归分析等。这些数据相比基本的人口统计数据更能准确地预测一个人的性格和行为取向。将人口统计数据与传统的心理测量数据（例如人格特征）相互关联会发现，互联网用户个人泄露的隐私信息比他们意识到的要多得多。因此，基于"在线心理画像"

的精准投放技术应运而生。这种新的方法利用心理和人口数据来创建"点击诱饵"并引导新闻推送，人们很快便发现其效力过于强大，如果不加以监管，会产生严重的后果。但总有一天我们会发现，这仅仅是心理测量旅程中的一站，而这趟旅程开始于很多个世纪之前。

心理测量的历史

在中国的起源

自人类文明诞生之初，雇主们就开始对未来的雇员进行评估，并为此发展出了一套具有一致性和可重复性的技术。中国是第一个采用测试的方法筛选人才的国家（Jin，2001；Qi，2003）。在公元前500年以前，孔子就指出人与人之间是有差异的，比如"性相近，习相远"，并对"上智"和"下愚"进行了区分（《论语·阳货篇》）。孟子（公元前372—公元前289）认为这些差异是可以测量的，他建议："权，然后知轻重；度，然后知长短。"（《孟子·梁惠王上》）荀子（公元前313—公元前238）则在这一理论基础之上，进一步提出了"量能而授官"（《荀子·君道》）的观点。

从中我们可以发现，今天的心理测量所基于的许多思想，以及用于人才选拔的系统，早在2 000多年前就已经存在了。事实上，有证据表明，早在孔子之前，中国就已经有了人才选拔制度。夏朝（约公元前2070—约公元前1600年）"以射造士"，通过比武的方式选拔官员，这一传统非常重视体力和身体技能。到了周朝（公元前1046—公元前256年），考试的内容发生了改变。统治者在考核人才时不仅要看他们的射箭技术，还要观察他们的行为举止是否礼貌。从此，选拔人才的标准扩充为"六艺"（礼、乐、射、御、书、数）、"六行"（孝、友、睦、姻、任、恤）和"六德"（知、仁、圣、义、忠、和）。在战国时期（公元前475—公元前221年），口试变得愈发重要。在秦朝（公元前221—公元前207年），考试的主要内容包括背诵典籍、书法以及撰写公文。隋朝（581—618年）和唐朝（618—907年）逐步建立了科举制，这是一项全国性的考试制度，并成为选拔官吏的主要方法。科举考试的正式程序要求考生的姓名必须隐藏，必须由两名或更多评分员进行独立阅卷，考试的条件也必须做到标准化，这些要求与现在的考试是一样的。当时制定的关于测评的总体框架（其中包括有关学习资料的教学大纲，以及如何有效、公平地考查考生知识的考试规则）至今几乎没有改变。虽然其他的古代文明也出现了类似的不那么复杂的测评框架，但是最终基于中国科举制度的模型形成现代考试体系的模板。活跃于上海的英国东印度公司于19世纪初将中国的科举制度引入了其在孟加拉的占领区。该公司在1858年被撤销后，英国人将该制度应用于印度的公务员体系中。随后，该制度成为英国、法国、美国和世界其他大部分地区公务员选拔的模板。

学习能力

教师们很早就意识到了，有些学生比其他学生更善于学习。例如，在公元前375年的欧洲，苏格拉底向他的学生格劳孔提出了以下问题："当你谈到一个在某方面有天赋的人和一个没有天赋的人的时候，你的意思是说，其中一个人学东西很快，而另一个则学得很吃力；一个能够举一反三，而另一个即使经过了大量的学习与练习，也学得不如忘得快；还是你是想说，一个人的身体很好地服务于他的思想，而另一个人的身体则成了他的绊脚石？难道这些不就是有天赋的人和没有天赋的人之间的区别吗？"（柏拉图，《理想国》第五卷）

关于学习能力（通常被称为智力）的这种观点，19世纪欧洲的科学家们都耳熟能详，因为几乎所有人都在学校和大学学习过希腊语。智力不等同于教育，而是可教育性，它代表了受过教育的人和聪明人之间的一项重要区别。受过教育的人不一定聪明，而没受过教育的人也不一定不聪明。

在中世纪的欧洲，有资格接受教育的人只占少数。然而，宗教改革和随后的工业革命带来了变革性的影响。在欧洲，人们越来越重视能够用母语阅读《圣经》，同时也认识到了学习如何操作机器的必要性，这导致人们普遍支持为所有人提供教育，无论其社会背景如何。这使得人们更加关注那些仍然难以融入日常生活的人群。19世纪诞生了收容所制度，其中，"疯人院"被精神病患者的"精神失常收容所"和学习困难者的"低能儿收容所"取代。这些词在今天看来显然令人非常反感，但在当时却被广泛使用，例如在法律上会出现"精神失常"一词，在精神病学家使用的分类系统中也有"低能儿"一词。事实上，"收容所"一词本意是积极的，用于表示避难的地方。

为了能够向那些在学习过程中遇到困难的人提供帮助，人们将注意力投向如何识别这类人群，以及如何最好地满足他们的需求。在维多利亚时代之前的英国，疫苗的发明者爱德华·詹纳（Edward Jenner）提出了人类智力的四个等级，但是他在其中却混淆了智力和社会阶层。1807年，詹纳在流行杂志《艺术家》上发表了文章《人类智力的等级》，总结了当时人们对于智力等级的态度。他写道：

> 因此，就不同程度的人类智力，或者更准确地说，针对区分人类不同程度的智力，我提出一些想法。因为正如我们所相信的那样，虽然所有人都具有神圣的推理能力，但并非所有人都可以看到上天全部的光芒。

> 1. 我把白痴放在第一级，也就是最低级，他们是纯粹的植物人，完全没有智力可言。

> 2. 第二级是那些刚刚达到一定智力水平的人，然而他们的智力水平太低，不具备判断力。他们仅仅能够执行生活中的一些小任务，比如关门、生火，以及表达疼痛的感觉，尽管对于善恶具有微弱的感知，却并不能对其进行准确的分辨。位于此等级的人，将其称呼为愚蠢的可怜生物，或者说笨蛋，并不过分。

> 3. 第三级可以用"平庸"这一术语来很好地描述，这一等级包含了大部分的人类。他们充斥着我们的街道，他们组成了我们的队伍，他们出现在世界的各个角落。正是由于这一等级的存在，世界上才布满了人。这些人循着前人的足迹不断前行，他们遵守规则，虽然规则并不由他们制定；他们参与骚乱，虽然骚乱并不由他们挑起；虽然既不能批评也不能称赞，但是他们却会对谴责和赞美做出回应。

> 4. 最高的等级是完美的智力，即所有思想能力的完美结合，促成了当前和未来的美好，融汇了天赋、勇气以及判断力的所有能量。这个等级中的人们能够透过美丽的外表审视真理，捍卫真理免受攻击，并向全世界展示真理的魅力。他们用自己的智慧统治人类，以审慎的态度面对荣耀，就像雄鹰注视着太阳，却不为它的光芒所迷惑。

十九世纪

在欧洲殖民主义时代，西方的教育体系逐渐传播到了其殖民地，但是当地对其的吸纳速度十分缓慢，基于欧洲的社会地位观念产生的一些观点也往往被带入受压迫的人群中。例如，查尔斯·达尔文（Charles Darwin）是那个时代的巨人，他的进化论对于如何理解物种之间和物种内部的差异具有相当大的影响。他就是持欧洲中心论的人之一，而这一点扰乱了进化科学的发展，并逐渐被视为种族主义的表现。在 1871 年首次出版的《人类的由来》一书中，达尔文认为人类的智力和道德已经通过自然选择逐渐完善，而其证据为："当今世界，文明国家正在取代野蛮国家。"达尔文认为人类的自然选择是一个持续的过程，"野蛮人"和"低等人种"在进化上不如"文明民族"，这一观点在当时产生了巨大的影响。但当时并非所有的科学家都赞同这一观点。有些科学家持不同的观点，其中就包括阿尔弗雷德·华莱士（Alfred Wallace），他与达尔文在伦敦林奈学会（Linnean Society of London）具有开创性的 1858 年会议上共同发表了一篇文章，其中介绍了适者生存的自然选择理论（Wallace，1858）。华莱士对他的前同事提出异议，认为达尔文关于种族差异的论点带有根本性的错误。他在东南亚、南美洲以及其他地方的观察使他确信，所谓的"原始"民族都表现出高度的道德感。他还提到了这些族群的儿童学习高等数学的能力，他曾在婆罗洲（加里曼丹岛）教导 5 岁的儿童如何求解联立方程，并指出自然环境不可能对他们的祖先产生如此走向的进化压力。在华莱士看来，导致人类智力和道德发展的进化因素发生在遥远的过去，并且为全人类所共有。

心理测量学作为一门科学的开端

达尔文的表弟弗朗西斯·高尔顿（Francis Galton）爵士也对人类智力的进化特别感兴趣。他于 1869 年出版了《遗传的天才：对其规律与后果的探究》一书。1865 年，高尔顿依据托马斯·菲利普（Thomas Philip）爵士编撰的《一百万个事实》一书，首次对名门家族的家谱进行了研究（Galton，1865）。高尔顿认为，天才来自遗传，在这些家族中都有天才的出现。但是，当他谈到天才时，他考虑的不仅仅是智力。他相信，天才在许多其他方面也都更胜一筹，无论是欣赏音乐或艺术的能力，还是在体育运动中的表现，甚至是他们的外表。1883 年，为了收集数据来验证他的观点，他在伦敦南肯辛顿的国际健康展览会上建立了自己的人体测量实验室，参加展览的人可以花 3 便士（约合今天的两美元）来测量自己的特征。在 19 世纪 80 年代末，美国心理物理学家詹姆斯·麦基恩·卡特尔（James McKeen Cattell）从冯特（Wundt）创立于德国的心理物理学实验室来到剑桥，向高尔顿介绍了冯特的许多心理测试工具，并将其加入自己的测试之中。至此，心理测试，也即心理测量学便诞生了。高尔顿的研究所产生的数据为其开发标准差和相关性等许多关键的统计方法提供了原始资料。高尔顿的助手卡尔·皮尔逊（Karl Pearson）则在现有技术的基础上开发了偏相关系数和复相关系数，以及卡方检验等方法。1904年，从陆军军官转业为心理学家的查尔斯·斯皮尔曼（Charles Spearman）开发了针对更为复杂的相关矩阵的分析程序，并为因素分析奠定了基础。到20世纪的首个十年结束，心理测量学的理论基础已经到位。这为后来许多新的科学事业的发展奠定了基础，包括统计科学、生物统计学、潜变量模型、机器学习和人工智能等。

智力测试

1904年，法国出现了专门用于教育选拔的智力测试，当时巴黎的公共教育部长任命了一个委员会来寻找一种可以识别学习困难儿童的方法。该委员会提议"对在正常学校教育中表现不佳的儿童，让他们在被开除前接受考试，如果认为他们仍然具有受教育的潜力，应将他们分配到特殊教育班级中"（Binet and Simon, 1916）。心理学家阿尔弗雷德·比奈（Alfred Binet）和他的同事西奥多·西蒙（Theodore Simon）从已开发的题型中筛选了30个快速便捷、易于施测的量表，组成了一套标准测试。结果发现，这套测试不仅能够有效地分辨出被教师视为聪明的儿童和迟钝的儿童，还可以区分特殊教育机构的儿童和普通学校的儿童。此外，每个儿童的量表分数都可以与其他同龄或相近年龄的儿童进行比较，从而使测评结果不受到教师偏见的影响。比奈测试项目的结果不仅在个体层面为儿童的教育提供了指导，还对教育政策产生了影响。

比奈-西蒙量表（Binet-Simon Scale）的第一版于1905年出版，随后在1908年的更新版本中引入了"心理年龄"这一概念，即儿童的得分所代表的年龄，而不考虑他们的实际年龄如何。1911年，该量表进行了进一步的修订，以提高该测试区分受教育程度和可教育性的能力。阅读量表、写作测试，以及偶然习得的知识量表都被剔除了。比奈-西蒙测试的英文衍生测试——斯坦福-比奈（Stanford-Binet）智力量表至今仍被广泛使用，该量表是识别儿童学习障碍的主要测评方法之一。

比奈的测试侧重于他所谓的高级心理过程，他认为这些过程是学习能力的基础，其中包括简单命令的执行、协调、识别、口头知识、定义、图片识别、暗示感受性以及句子补足。在1916年首次出版的《儿童的智力发展》一书中，比奈和西蒙使用当时的语言阐述了他们的观点，即良好的判断力是智力的关键：

"在我们看来，智力中有一种基本的能力，这种能力的变异或者缺乏会对实际生活产生至关重要的影响。这种能力就是判断力，有些人称之为眼光、明智、进取，或是适应环境的能力。善于判断、善于理解、善于推理，这些都是智力的基本表现。如果一个人缺乏判断力，那么他可能是一个白痴或者低能儿；但如果他有良好的判断力，那么他必然不是白痴或者低能儿。事实上，其他的智力能力与判断力相比，显得并不那么重要。"

智力测试在识别成人和儿童智力方面的潜力很快便得到了人们的认可。在第一次世界大战期间，美国大规模地采用了此类测试项目，并成立了一个委员会，由美国心理学会主席罗伯特·耶克斯（Robert Yerkes）担任主席。该委员会的任务是开发智力测试，这些智力测试需要与比奈量表呈正相关，且适用于小组测试，并易于施测和评分。这些测试应该测量各种不同的能力，不易受到欺诈和作弊的影响，与学校培训的内容无关，并且对写作的要求降到最低水平。在 7 个工作日内，这个委员会构建了 10 个子测试，其中包含足够生成 10 套试卷的题目。500 名来自不同背景的参与者进行了预测试，其中包括特殊教育机构的人、精神病院的病人、新兵、受训的军官以及高中生，整个过程用了不到 6 个月的时间完成。到战争结束的时候，美国已经以每月 20 万次的施测速度对近 200 万名美国新兵进行了测试，这些测试被称为陆军甲种测验（Army Alpha）和陆军乙种测验（Army Beta）。

随着陆军智力测验的普及和成功，美国大学理事会（US College Board）接手了大规模智商（IQ）测试的重任，该理事会于 1926 年推出了美国学术能力测验（SAT），用于辅助美国各地的大学招生选拔。该测验首先被哈佛大学采用，随后被加利福尼亚大学采用。到 1940 年，SAT 已成为几乎所有美国大学的入学标准考试。该测验的初衷是创造一种公平的竞争环境，让所有具备一定智商水平的高中毕业生都有机会接受高等教育。精英教育的发展在世界范围内迅速传播，而"教育依赖于出身和经济特权"的旧社会秩序逐渐开始衰落。

然而，这一新的系统并没有取得普遍的成功。虽然更有天赋的人因此受益，尤其是少数族裔和工人阶级，但是新系统对这些群体中大多数人的影响却适得其反。这些测试的平均组别分数仍然存在很大的差异，这导致入学率，特别是精英学校和大学的入学率存在相当大的组别差异，从而导致在就业和进入专业领域方面也出现了巨大的组别差异。社会背景因素对考试成绩的影响在很大程度上被忽视，过去的精英阶级以另一种形式出现。真正受益于这一新系统的主要是中产阶级和白人。如此看来，智商测试似乎算是一种灵丹妙药，但并不能包治百病。

智商测试的分数在用于选拔时会产生组别差异，为了解决由此产生的歧视性的影响，早期的尝试主要集中在几种策略上。其中最主要的一种方式是从对一般智力（"g"）的单一测量转向对不同智力能力的测量，例如对数字智力或语言智力分别进行测量，从而满足培训课程或者就业岗位更为具体的要求。法律方面也愈发关注心理测试的程序如何影响公民的宪法权利，特别是《权利法案》以及《美国宪法第14条修正案》等法律。

优生学与黑暗时代

尽管阿尔弗雷德·比奈和他的继任者在满足教育系统的要求方面取得了巨大的成功，但对许多人来说，这只是一个次要问题。这门科学的创始人是高尔顿，而不是比奈。高尔顿真正感兴趣的并非心理测量学，甚至也不是人体测量学本身。他所在意的是人类的素质，尤其是智力，因为智力较低的人生育了更多的孩子，并将越来越多的"劣等"基因传递给了后代，所以智力正在退化。1833年，他创造了"优生学"（定义为"生育高端人种的条件"）和"劣生学"（优生学的反义词）这两个术语。凭借其巨大的学术影响力，高尔顿在伦敦大学学院建立了优生学系。但是，优生学不仅仅是一个理论，在许多国家，其大胆的设想很快就在政策上得以施行。1907年，美国率先推行了以优生学为目的的强制绝育计划。该计划的主要实施对象是"弱智"及精神病患者，许多州的法律把失聪、失明、患有癫痫和身体残疾的人也纳入其中。许多州的美国原住民在出于其他原因（例如分娩后）住院期间，在违背他们意愿且不知情的情况下被绝育。为了打击犯罪活动，在监狱和其他管制机构中也实施了绝育计划。由于这场全国性的强制绝育计划，美国33个州中至少有65 000人进行了绝育。直到1981年，该计划才被废止。

智力测评在这些计划中发挥了关键的作用。事实上，早期的许多智力测试在设计时就考虑到了优生学这一目标。1913年，亨利·戈达德（Henry Goddard）将智力测试加入纽约埃利斯岛针对潜在移民的评估流程中。1919年，刘易斯·特曼（Lewis Terman）在介绍第一版斯坦福-比奈智力量表（他本人翻译为英文的比奈量表）时说道："可以肯定地说，在不久的将来，智力测试会将数以万计的……具有高度缺陷的人置于社会的监视和保护之下。这将最终导致弱智人群生育率的下降，并消除大量的犯罪、贫困以及低效的工业生产。几乎不需要强调，这些现在常常被忽视的严重缺陷者，正是最需要由国家进行监护的人群。"

1927 年，威廉皇帝人类学、人类遗传学及优生学研究所率先在德国提出了绝育计划的主张。1934 年，德国出台了《预防遗传性疾病扩散法》。1935 年，这项法律进行了修正，允许对"遗传性疾病"患者进行堕胎，其中包括"社会低能者"以及"反社会者"。两年后，德国第 3 号特别委员会（Sonderkommission 3）成立，要求德国所有地方当局提交所有非洲裔儿童的名单，这些儿童都必须进行医学绝育。随后发生的事情人尽皆知。1939 年，精神病院对精神病患者（包括同性恋者）实施安乐死被合法化。1942 年，同样的手段被推广到了集中营中的罗姆人和犹太人，也就是后来的大屠杀。

关于施行优生学的争论基本上伴随着第二次世界大战而结束。然而，白人群体中依然普遍存在种族差异的观点。去殖民化的进程尚未开始，许多人，不论是在美国、非洲还是其他地方，都依旧认为，非洲人和非洲裔美国人学业成绩不佳的原因在于其遗传的智商差异。20 世纪 60 年代初，马丁·路德·金（Martin Luther King）在其知名演讲中提到了种族平等的梦想。直到 1994 年，南非才最终废除了种族隔离制度。而在此之前，关于智力的遗传差异是否有可能导致组别差异，在美国和欧洲的学者中一直存有争议，其中的一个代表是赫恩斯坦（Herrnstein）和默里（Murray）在 1994 年出版的《钟形曲线》一书。作者在书中提到，贫穷且种族多样化的城市中心社区构成了一个"认知下层阶级"，他们由具有较差基因的种族交叉繁殖而形成。然而，黑暗的尽头便是希望的曙光。

能力测试

黑暗时代的结束

1984 年，詹姆斯·弗林（James Flynn）发表了一份报告，其中提出了一种后来被命名为"弗林效应"（Flynn effect）的现象，即从 20 世纪初智商测试开始被投入使用以来，智商分数逐年上升。这是弗林发表的首份关于弗林效应的报告，现如今对于弗林效应已有翔实的记录。通过对比研究测试分数的变化，我们可以据此推断出测试的整个生命周期。弗林发现，智商分数在过去至少 100 年里，平均每年增加 0.3 ～ 0.4 分。人们提出了许多理论来解释这一现象，其中包括营养水平的提高，以及人们愈发熟悉测试的过程。对于弗林来说，他在2007和2016年的专著中指出，这种变化是科学方法对教育方式产生影响的结果。今日的我们比我们的祖先能够更为理性地思考，因为当今工业化和日益技术化的世界迫使我们做到这一点。有趣的是，弗林认为从传统意义上的"智力"来说，今天的我们实际上并没有更"聪明"。因为若该逻辑成立，那么按照今天的评估标准，我们曾祖父母那一代人中有将近一半的人会被诊断为有严重学习障碍。事实上，真正发生改变的是我们采用科学的方式去理解学习对象。现如今，如果问小学生"狗和兔子有什么共同点？"，大部分人都知道正确的答案是"它们都是哺乳动物"。而我们的曾祖父母很可能会认为这一答案没有任何意义。他们可能会给出错误的答案，例如"狗追兔子"，而且他们也无法理解为什么这会被认为是错误的答案。弗林的研究（2007，2016）愈发关注智力测试分数和教育之间的相互作用，他不仅观察不同时代的变化，还对各国学校和大学提供的教育水平进行比较，而这一点在历史上有很大的差异。

显而易见的是，21世纪前十年非洲裔美国人的平均智商要高于20世纪70年代美国白人的平均智商，而这本身就是一个很有趣的现象。在此基础上，弗林的研究进一步扩展到美国以外，并且在各大洲的许多其他国家都发现了相似的结果。环境因素对所有群体的智商分数拥有同样巨大的影响，基于这一证据，完全没有必要再从遗传学的角度来解释群体差异。如今，关于种族之间智商高低的争论已基本被人们遗忘。世界变得愈发文化多元化和全球化。此外，在美国和欧洲，那些曾经遭到排斥的群体在职业上取得了巨大的成功，这一点有目共睹、不言自明。

能力的多元化

如今，智力测试的概念更为广泛，并采用多种更为积极的方式进行评估。罗伯特·斯滕伯格（Robert Sternberg）在其1990年的专著中提出的智力三元论就体现了这样一种流行的观点。斯滕伯格认为，智力有三种主要形式，包括分析智力、创造智力与实用智力。

具有较高分析智力的人在智力测试中通常表现出色，显得"聪明"，能够解决预设的问题，学习速度快，看起来知识渊博，能很好地运用专业知识，并且通常很轻松就能通过考试。分析智力一般通过传统智力测试进行评估，虽然它很重要，但是具备分析智力并不能解决所有问题。斯滕伯格使用了一个虚构的例子来诠释这一点：一位杰出的数学家似乎对人际关系毫无洞察力，以至于他完全无法理解为什么他的妻子会突然离开他。

企业界经常对传统智商概念的充分性表示怀疑。有人指出，要想在分析智力测试中取得好成绩，考生必须能够解决他人提出的问题，这种问题常见于测试或者考试中。然而，一个成功的企业家需要提出好的问题，而不是提供好的答案。这种提出好问题的能力正是创造智力的突出表现。

而具有较高实用智力的人通常都很"精明"。他们想要真正地理解当前的提议或者想法，能够退后一步对其进行解构，他们会质疑这么做的原因，并整合自己的知识以达到更深层次的目的。因此，他们往往是生活中最成功的人，他们具有关键的人脉，会避免树立强大的敌人，能够洞察游戏中的潜规则。

霍华德·加德纳（Howard Gardner）在其 1983 年的专著中也提出存在多元智力，每种智力都对应着人脑中独立且互相分离的一套系统，诸如语言智力、数理逻辑智力、空间智力、音乐智力、肢体动觉智力、人际智力以及内省智力等。加德纳强调了其中一些智力所具备的独特性质以及相互之间的独立性。例如，肢体动觉智力反映了体育活动中的优秀表现，人际智力和内省智力分别代表了理解他人和洞察自己感受的能力，这些都是智力研究领域的新概念。梅耶-沙洛维-库索情绪智力测验（MSCEIT）是一项基于能力的测试，旨在测量情商。如今，大多数以"情商"为名的测试实际上根本不是智力测试，而是评估那些关于对他人感受是否敏感的人格特征。MSCEIT 与其他这些测试的不同之处在于，它预先定义了"正确"和"错误"的答案，例如，一个人是否能正确地识别他人的愤怒。

有些人认为斯滕伯格和加德纳提出的多元智力理论并不是新的概念。很多想法都可以在智商测试的传统观念中找到它们的影子。亚里士多德本人一直强调区分智慧和智力的重要性，而创造力测试也已经存在了 70 余年。尽管如此，斯滕伯格和加德纳对智力的研究方法对于推翻"学术成功是智力的唯一表现形式"这一观点仍旧发挥了重要的作用。其结果之一是，如今的智力测试概念更加广泛，并且以更具战略性的方式进行评估。人们越来越强调人才的多样性，测试的目的是使所有人都能发现自己的优势所在，以及在哪些领域更有可能遇到挑战。依赖于特定技能的专业培训项目，其选拔测评仍然主要采用相对应的特定形式智力的测试，例如计算能力测试、语言能力测试和批判性思维测试。此外，针对学习过程所需的许多基本认知技能的广谱测评，在筛选需要特殊教育项目的人群方面发挥着越来越重要的作用。例如，韦氏儿童智力量表第五版（WISC-V）包含以下子测试：

- 类同、词汇、常识和理解（言语理解量表）
- 积木和视觉拼图（视觉空间量表）
- 矩阵推理、图形重量、图画概念和算术（流体推理量表）
- 数字广度、图画广度和字母数字排列（工作记忆量表）
- 译码、符号检索和划消（加工速度量表）

韦氏儿童智力量表第五版在世界各地被教育心理学家广泛应用，他们致力于帮助患有阅读障碍、计算障碍和孤独症等学习障碍的儿童。

然而我们不应该忘记，虽然"g"这一概念作为一般智力的单一分数已经不再受到青睐，但是智商的基础概念已经引起了大众的兴趣（就像在此之前的占星术一样），希望它消失是不可能成功的。智商这个词已经融入了人们的日常用语，令人惊讶的是，很多人都认为了解他们自己的智商水平，尽管他们通常是错误的。智商这一概念尤其受到那些在智商测试中获得高分的人的欢迎。诸如门萨（MENSA）这类组织已经在世界各地发展壮大，也许我们不应该嫉妒其成员所感受到的愉悦和自豪。

有关其他心理构念的测试

心理测量中的智力测试评估的是答题者的最佳表现，所有的智力、能力、胜任力以及成就测试均是如此。所有这些测试都有一个共同点，即默认答题者会尽其所能争取最高的分数，并且需要给予他们充分的动机来做到这一点。通常来说，这种类型的传统心理测试只需要统计答题者能够正确回答的题目数量。答对的题目越多，分数越高。然而，心理测量的方法也可以应用于测评其他表现出个体差异的心理特征，例如人格、品格、兴趣、动机、价值观、气质、态度、信念等。

人格

心理测量中的人格测试和智力测试一样，其根源都可以追溯到高尔顿，他的贡献不仅在于统计方法，还包括他于1884年提出的词汇学假设。高尔顿认为，人与人之间的重要差异应该在语言中有所体现，越是重要的差异，越有可能被编码为一个单词。也就是说，如果我们在某些方面存在差异，而这种差异又非常重要，那么我们迟早会创造一个词来描述这种差异。这就解释了为什么大多数语言都会有形容人有礼貌、爱交际、聪明等的专门词语。而如果某一项特质在人与人之间差异并不显著，或者即使差异很大也无关紧要，那么很可能不会存在一个专门的词语来描述这一特质。因此，大多数语言都没有描述"数数能力"的单词（几乎所有人都会数数）或者"没有最喜欢的颜色"这一单词（很少有人对此感到惊讶，因为这似乎并不是一项重要的个人特征）。高尔顿主要基于他对英语、德语和其他欧洲语言的了解，识别出了大约 1 000 个专门用于描述个体差异的词语。随后，奥尔波特（Allport）和奥德伯特（Odbert）在1936 年对英语进行了系统的调查研究，列出了大约 18 000 个描述人格或者可以用于描述个人特征的词语。他们将这些词语分为个人特质、短暂的情绪或行为、对个人行为举止的点评，以及能力与才干四个类别。他们仔细删减了使用频率低或难以理解的单词、明显的同义词，以及"非中性"的词语（例如"好"和"坏"），最终保留了大约 4 500 个"中性"词语，并根据它们的含义进行分类，以获得较少数量的人格构念。

　　早期的工作靠的是研究人员的直觉判断，在这之后，心理学家开始应用数据驱动的方法来对这些词语进行分类。他们采用了因素分析法，这一最初为了智力测评而开发的统计方法可以将相关的变量组合成"因素"（参见第 4 章中关于因素分析的详细讨论）。该领域最具影响力的因素分析理论学家之一是雷蒙德·卡特尔（Raymond Cattell）。他从奥尔波特和奥德伯特列出的描述人格或个人特征的词语中选出 200 个词语，要求人们运用这 200 个词语来评价他们的朋友和他们自己。卡特尔采用因素分析法来分析这些数据，他发现，人们使用这些描述人格词语的方式并不是随机的，而是遵循一些明显的模式。例如，被评价为"热情"的人通常也会被评价为"随和"和"爱交际"，而很少被评价为"内敛"、"冷静"或"没有人情味"。卡特尔通过因素分析最终一共得出了 16 个人格因素（也被称为 16PF），见表 1.1。

表1.1　与卡特尔的16PF人格因素最为相关的描述人格的词语

特质名称	负相关	正相关
乐群性	没有人情味、疏远、冷静、内敛、超然、拘谨、冷淡	热情、外向、体贴、善良、随和、乐于分担、喜欢与人相处
聪慧性	具象思维、智力水平较低、心智能力较弱、无法处理抽象问题	抽象思维、智力水平较高、聪明、心智能力较强、学东西快
稳定性	情绪化、易变、易受情绪影响、情绪不稳定、容易感到烦恼	情绪稳定、适应能力强、成熟、遇事冷静

续表

特质名称	负相关	正相关
恃强性	恭敬、合作、避免冲突、顺从、谦逊、服从、易于接受领导、温顺、乐于助人	占据支配地位、有魄力、果断、好斗、好胜、固执、专横
兴奋性	严肃、克制、谨慎、沉默寡言、内省、安静	活泼、生气勃勃、主动、热情、乐天、开朗、有表现力、冲动
有恒性	权宜、不遵守规则、漠视制度、任性	注重规则、尽责、认真、遵守规则、说教、古板、受规则约束
敢为性	害羞、易受威胁、胆怯、犹豫不定、害怕	社交场合无所畏惧、爱冒险、厚脸皮、无拘无束
敏感性	功利、客观、不带个人情感、意志坚强、自力更生、不说废话、粗糙	敏感、有美感、多愁善感、心软、凭直觉、优雅
怀疑性	信任、无戒心、无条件接受他人、平易近人	警惕、多疑、好怀疑、不信任他人、对抗
幻想性	脚踏实地、实用、平淡、以解决问题为导向、稳定、传统	抽象、富于想象力、心不在焉、不切实际、专注于想法
世故性	直率、真诚、朴实、开放、诚实、天真、不做作、投入	隐秘、谨慎、不公开、精明、精练、世故、机敏、圆滑
忧虑性	有把握、镇定、得意、有安全感、无愧于心、自信、自满	忧虑、自我怀疑、担心、易于内疚、无安全感、担忧、自责
开通性	传统、依附于熟悉的事物、保守、重视传统观念	接纳改变、实验性、开明、善于分析、批判性、自由思考、灵活
独立性	集体导向、有亲和力、随群附众、依赖	独立、喜欢独处、足智多谋、个人主义、自给自足
自律性	容忍混乱、不苛求、灵活、任性、散漫、自我矛盾、冲动、不遵守规则、不受控制	完美主义、有条理、强迫性、自律、社交场合注意分寸、要求严格、克制、自我感伤
紧张性	轻松、温和、平静、不活泼、有耐心、干劲低	紧张、精力充沛、不耐烦、有干劲、有挫折感、过分劳累、时间驱动

　　著名人格理论学家汉斯·艾森克（Hans Eysenck）在 1967 年也采用了因素分析法，但是他认为，与卡特尔所青睐的 16 个人格因素相比，人格结构可以更为有效地由两个维度进行描述，而这两个维度被他命名为神经质和外向性。神经质这个维度代表了焦虑、喜怒无常的人与冷静、无忧无虑的人之间的区别，而外向性这个维度则将善于交际、热衷于聚会的人（外向者）与安静、内省和内敛的人（内向者）加以区分。艾森克的人格模型与卡特尔的模型并不

矛盾：事实上，卡特尔的 16 个人格因素可进一步简化为艾森克的两个维度。在很大程度上，研究者可以根据个人偏好来决定是选择较多的因素来对人格进行更广泛的描述，还是选择较少但更稳健的因素来对人格进行描述。然而，近年来，包括开放性、尽责性、外向性、宜人性和神经质在内的五因素人格模型在心理学界逐渐流行开来，在文献中随处可见，这五个人格因素通常被简写为 OCEAN，也被称为大五模型。本书将在第 7 章对该模型进行更为详细的讨论。

品格

在职场中，很多时候人们更看重求职者的品格，而不是他们的人格本身。在这种情境下，品格缺失可能表现为物质滥用，有违法犯罪记录，或者是在工作经历和资格证书方面的公然作假行为。长期以来，诚信问题一直是世界各地法律、公安和安全系统的主要关注点，在 20 世纪，借助于测谎仪开展的谎言测试在这些机构中得到了广泛应用。这类设备可以用于在审讯过程中评估被测试者的生理活动，例如心率、血压、呼吸频率和皮肤电反应等。然而，使用这类技术带来了严重的道德和隐私问题，导致其在大多数国家都被视为非法手段，至少在就业情境中是被禁止使用的。因此，在这些场合，人们基本上已经放弃了测谎技术，而是转向使用基于自我报告数据的品格心理测试。这类测试本身特别容易受到不诚实作答的影响；但是，我们可以通过若干种策略将其影响降至最低（参见第 7 章）。

兴趣

1927 年，当时在卡内基理工学院（Carnegie Institute of Technology）（卡内基梅隆大学的前身）工作的爱德华·凯洛格·斯特朗（Edward Kellog Strong）首次将针对兴趣的心理测试引入职业指导中。他认为，"能力、兴趣和成就之间的关系就像一艘配备了马达和舵的摩托艇。马达 (也就是能力) 决定了船能以多快的速度前进，而舵 (也就是兴趣) 决定了摩托艇的前进方向"（Strong，1943）。他开发的斯特朗兴趣量表（Strong Interest Inventory）及其后续的改版至今仍被广泛应用于评估个体对职业、学科领域、活动、休闲活动、他人和个性等方面的兴趣。1956 年，约翰·霍兰德（John Holland）提出了一个新的系统，其基本观点为"个体的职业偏好以一种隐秘的方式表达了其潜在的人格特征"。20 世纪 90 年代，这一基于更多人格的理论框架进行了更新，而"霍兰德代码"（有时亦被称为霍兰德职业主题）成为行业标准。霍兰德代码（RIASEC）指的是他所提出的六种人格类型，其中包括务实型、探究型、艺术型、社会型、进取型和常规型。

动机

驱使人类和动物做出某种行为的动机是心理的一个核心组成部分。我们的动机可能是基本的需求，例如解渴或填饱肚子的需求。然而，当谈到有关动机的心理测评时，我们讨论的几乎都是工作环境中的动机。在职业环境中，有些人的动机更多的是对工作的兴趣而不是对金钱的需求。而对于其他一些人来说，他们的主要动机是希望自己的成就能够被认可，并获得晋升的机会。针对员工动机的测评采用了多种不同的理论基础，亚伯拉罕·马斯洛（Abraham Maslow）的需求层次理论就是其中之一。有人认为，员工的基本需求是生存，为此他们需要收入，因此在这种情况下，现金收入才是排在第一位的动机，而并不是马斯洛原始模型中的食物和水。一旦满足了这一点，他们就会产生对于安全感（例如适宜的住宿条件）的需求。只有在这两者都得到满足之后，他们才会产生对友谊、财产和职业抱负的需求。阿特金森和麦克利兰在1953年首次提出了成就动机模型，该模型将人在工作中的动机归纳为对成就的需求、对权力的需求以及对归属感的需求。在工业和组织心理学领域，有许多种不同的动机调查问卷可供使用。

价值观

价值观是一种持久的信念，它围绕以下两个问题展开：什么是我们生活中重要的部分；人们的行为应该遵循什么原则。我们的价值观影响着我们的职业选择。例如，一个极为关注气候变化效应的人不太可能去申请煤电站的岗位。最初针对价值观的问卷是基于吉尔特·霍夫斯塔德（Geert Hofstede）的跨文化理论框架编制而成的，他在1967—1973年研究了国际商业机器公司（IBM）员工的国际差异，提出了个人主义-集体主义、不确定性规避、社会等级制度的强度以及任务-人际导向这四个维度。随后，他又补充了两个新的维度，分别为长期-短期导向和放任与约束。在此之后，谢洛姆·施瓦茨（Shalom Schwartz）发展了他的基本人类价值观理论。该理论首次发表于1992年，重点关注了他认为具有普遍性的价值观，包括自我定向、刺激、享乐主义、成就、权力、安全、遵从、传统、慈善和灵性（他也将此称为"普遍性"）。以上价值观可以通过施瓦茨价值观问卷（Schwartz Value Survey）进行测评。值得注意的是，价值观与动机两者之间存在着相当大的概念上的重叠。

气质

过去，"气质"一词被高尔顿·奥尔波特（Gordon Allport）等理论学家用于指代成人人格中被认为主要受遗传因素影响的那些方面（例如冲动），但是如今，气质更常用于形容婴儿及儿童，指的是他们在不同情境中相对一致的行为倾向。例如杰罗姆·凯根（Jerome Kagan）等发展心理学家将气质视为一种遗传倾向，因为在新生儿身上就可以观察到活动水平和情绪表现等特征方面的个体差异。从 20 世纪 50 年代起，亚历山大·托马斯（Alexander Thomas）、斯泰拉·切斯（Stella Chess）及其同事发起了纽约追踪研究，该研究发现了九种影响孩子与学校、朋友和家庭之间融洽程度的气质特征。之后，他们提出了儿童气质的三个维度："容易型儿童"具有积极的情绪，从婴儿时期就能迅速建立起规律的生活习惯，容易适应新的体验；"困难型儿童"反应消极，经常哭闹，日常生活注意力不集中，接受新体验的速度较慢；而"迟缓型儿童"的活动水平较低，比较消极，情绪上有些负面，适应速度较慢。以上这些维度可以通过关注个体在情绪、运动反应、自我调节和行为一致性等方面的差异来进行评估。

态度

"态度"一词指的是一个人对某一事物、某一个体或者某一想法的好恶程度，换言之，就是我们对某一个态度对象积极或消极的感受。由于人们对各种不同的事物、个体和想法都可以抱有一定的态度，因此，有非常多可以用于衡量态度的量表。所以，我们对有关态度的问卷的讨论将侧重于方法，而不是其测量对象。有关态度的问卷通常都会包含一组问题，每个问题都要求答题者在"同意"到"不同意"之间的选项中做出选择。这种作答体系来源于 20 世纪 30 年代伦西斯·李克特（Rensis Likert）的研究，现在这类量表被称为李克特量表。在 20 世纪 50 年代，查尔斯·奥斯古德（Charles Osgood）基于乔治·凯利（George Kelly）用于测评个体构念的凯利方格技术，提出可以采用语义差异法来评估态度。如今，态度测量已经发展成为一项大众产业，民意调查在政治、经济政策等多个领域都发挥着重要作用。然而，在测量态度时，我们通常需要从头开始，自己编制问卷。

信念

"信念"一词指的是态度中的认知成分，即人们认为真实的事情，例如，对宗教的信念，或者对安慰剂能治愈疾病的信念。人们对于信念可能具有不同程度的确定性。信念与态度不同，因为它们不包含情感成分，也就是说不存在喜欢或不喜欢的含义。在 20 世纪 80 年代，阿尔伯特·班杜拉（Albert Bandura）已经因其在社会学习理论方面的研究而闻名。他提出了自我效能（self-efficacy）的概念，即对自己效能的信念，或者换句话说，对自己的信念。在很多领域，这已经成为一个重要的概念。具有高自我效能信念的人更有可能坚持并完成任务，无论这项任务是与工作绩效相关，还是以自我为导向，例如执行一项健康计划。低自我效能的人更有可能半途而废，也不太可能会做到未雨绸缪。如今有许多不同的自我信念量表可供使用，尤其是有关健康信念的量表，但值得再次重申的是，信念量表往往针对的是特定的应用方向。

小结

心理测量学的声誉在 20 世纪遭受了两次重创。第一次重创直接来自优生运动，优生学家们对于心理测试投入了极大的热情。第二次重创则是由优生运动的后继者导致的，他们依旧保持着"智力水平是每个种族基因遗传的一部分"这一观点，并主张在此前提下制定政治和政策决策，而弗林效应充分证明了这种观点是毫无根据的。心理测量学既是一门纯科学，又是一门应用科学，也是一门非常容易被误用的科学。

如今，社会上越来越多地在教育、招聘和营销中使用新式的心理测试，这些测试涉及人这一整体，而不仅仅是人的技能和个性。如果我们希望保证有关程序是高效的、公平的，那么就应当正确、客观地评价与之相关的所有问题。很多人认为根本不应该进行测试，但这是基于一种误解，这种误解是由于人们试图将测试过程和测试工具与其功能分开而产生的。测试的功能决定了它的用途，这种功能源自所有社会都需要为了就业或者升学对个体进行筛选和测评。既然存在筛选和测评的需求，我们就应当保证其开展的过程尽可能准确，并对其进行研究和理解。因此，心理测量学可以被定义为有关人类筛选和评估过程的科学。但是现在我们必须意识到，筛选和测评过程中的伦理、意识形态和政治与数据科学和心理学一样，都是心理测量学不可分割的一部分。所有有关筛选的学科必然也涉及拒绝，因此本质上就带有政治色彩。只有以这种方式来理解心理测量学，我们才能对当今广泛使用的测试提出适当的标准和管控措施，从而构建一个更为公平的社会。质疑测试是一回事，而仅仅因为心理测量学中信度和效度的概念最初是由优生学家所提出的就质疑则是另一回事。这就和因为拒绝相信进化论，故而拒绝接受大部分现代生物学一样不合理。由达尔文、高尔顿、斯皮尔曼、卡特尔以及他们的追随者们所开发的技术为我们理解心理测量学的原理做出了巨大的贡献。

进入 21 世纪的第三个十年，鉴于网络空间的兴起以及心理画像作为控制网络空间的工具所具备的巨大威力，我们必须确保能够充分预见到发生意外后果的可能性。现在我们迫切地需要以监管的方式来采取紧急补救行动。但是我们应该监管什么呢？当然是对隐私权的监管，然而这只是问题的一部分。在网络空间里，基于我们所留下的数据痕迹，我们的愿望、需求和心理弱点都很容易成为攻击的目标。在这个空间里传播的消息会依据我们的数字足迹进行过滤，这使得我们只能收到那些被认为与我们相关的内容，这些消息可能与我们自己的利益相关，但更有可能与他人的利益相关。所有这些操作都可以大规模、实时地完成，其他所有人都无法知晓我们收到的或者可能收到的精准投放的消息。这种过滤是由基于我们输入的内容训练出来的机器学习算法决定的，而它决定了我们在网络世界里看到和听到的内容。人工智能构建的模型使我们接收到的信息变得越来越有针对性，这导致围绕在我们周围的过滤气泡变得越来越具有控制力。显然，我们需要建立并控制对用于心理画像目的的心理测量的适当监管。但是，我们要怎么做呢？

有一点是可以确定的。从此之后，世界将永远不会再回到原来的样子。我们不要害怕未来，而应设法让未来变得更美好。至少在现在，机器应该服务于我们，而不是成为我们的主人。也许在将来的某一天，机器会成为我们中的一员。

第 2 章 心理测量问卷的开发

热门报刊上常见的问卷通常只不过是一系列彼此之间没有必然联系的题目，这些题目单独计分并被解读。本章将提供一份心理测量问卷的开发指南，详细介绍将题目组合为整体量表的过程。

问卷可以用于测量各种各样的属性和特征。基于知识的问卷和基于个体的问卷是两种最为常见的问卷类型。基于知识的问卷包括能力问卷、能力倾向问卷、成就问卷等；而基于个体的问卷则包括人格问卷、临床症状问卷、情绪和态度问卷等。无论我们希望设计何种类型的问卷，都可以参考本章的问卷开发指南，其中包含问卷编制的主要步骤，并且介绍了如何根据特定的目的对问卷进行调整。在整个指南中，我们将以婚姻状态量表（Golombok Rust Inventory of Marital State, GRIMS）（Rust et al., 1988）作为范例，对问卷的编制过程进行描述。

开发问卷的目的

开发问卷的第一步是回答一个问题："这个问卷的目的是什么？"除非你对这个问题有清晰准确的答案，否则你的问卷将无法给予你所希望了解的信息。

GRIMS 是一套用于评估已婚或同居的伴侣之间关系质量的问卷。GRIMS 可以应用于科学研究，帮助治疗专家或咨询顾问评估针对伴侣关系问题的治疗效果，或者用于研究社会、心理、医学和其他因素对伴侣关系的影响。此外，GRIMS 还可以在临床实践中作为一种快速便捷的工具，用于确定伴侣关系问题的严重程度，分析哪一方觉察到了伴侣关系的问题，以及评估在治疗过程中某一方或者双方的改进情况。

请清楚准确地记录开发问卷的目的。

绘制测验蓝图

测验蓝图有时也称为测验命题细目表，它为设计问卷提供了一个结构框架。测验蓝图通常会采用一种网格结构，其中横坐标代表测验的内容范围，而纵坐标则代表测验的表现形式（即以何种方式来呈现内容）（见表 2.1）。出于实用性的考虑，每个轴通常会使用四个或五个类别。少于四个类别会导致问卷的内容过于狭窄，而多于七个类别则会使问卷过于烦琐而难以处理。

表2.1 有四个内容范围和四种表现形式的测验蓝图

		内容范围			
		A	B	C	D
表现形式	A				
	B				
	C				
	D				

内容范围

在明确了开发问卷的目的之后，就可以据此规划问卷的具体内容。问卷应涵盖与其目的相关的所有内容。

在确定 GRIMS 的内容范围时，摆在我们面前的问题是，人们对于一段美满或糟糕的关系的影响因素持有不同的看法。出于这个原因，我们咨询了亲密关系治疗专家、咨询顾问以及他们的客户的专业意见。我们询问了治疗专家和咨询顾问他们所认为的维持和谐婚姻的重要因素，以及他们在初始访谈中通常会评估的内容。对于他们的客户，我们询问了他们寻求改变的目标是什么，以此获得了相关的信息。通过整合他们的观点，我们得出了以下这些通常被认为对于评估伴侣关系状态非常重要的内容范围：

（1）共同利益（工作、政治、朋友等）以及互相依赖和独立的程度；

（2）交流（口头交流及非口头交流）；

（3）性；

（4）温情、爱意与敌对状态；

（5）信任和尊重；

（6）角色、期望和目标；

（7）决策过程；

（8）应对问题和危机的方式。

请记录问卷所涵盖的内容范围。在内容范围不清晰的情况下，请咨询有关领域的专家。

表现形式

在不同类型的问卷中，内容范围的呈现方式会有所不同。例如，旨在测量受教育程度的问卷，可以依据布鲁姆（Bloom）1956 年提出的教育目标分类法来考查知识的不同形式。对于本质上更偏向于心理学的问卷，更适合从行为、认知和情感等维度来展现问卷的内容。在设计人格问卷时，需要平衡特质中受社会称许以及不受称许的两个方面，同时还要注意默许效应的影响。为此，可以将一半的题目设计为正向（例如在外向性子量表中，"我是一个开朗的人"这个题目），而将另一半题目设计为负向（例如在外向性子量表中，"我是一个害羞的人"这个题目）。在规划问卷的表现形式时，需要确保内容范围的方方面面都能被涉及。

在编制 GRIMS 时，我们同样还是通过整理专家的意见确立了以下表现形式：

（1）对两人关系本质的信念、体悟和理解；

（2）在现实关系中的行为表现；

（3）对伴侣关系的态度和感受；

（4）改变的动机、对改变的可能性的理解以及对共度未来的承诺；

（5）伴侣间的一致性。

从 GRIMS 的测验蓝图中，我们可以发现内容范围和表现形式之间的区分可能并不总是一目了然。

请记录问卷中内容范围的表现形式。

现在我们可以开始绘制测验蓝图了。其中单元格的数目为内容范围数量与表现形式数量的乘积。通常 16 ～ 25 个单元格（即 4×4、4×5、5×4、5×5）是较为理想的，因为这既可以覆盖足够的广度，又不会在处理上造成负担。

请绘制测验蓝图，并在每个单元格内标注其对应的内容范围（竖列）及表现形式（横行）。

测验蓝图中的每个单元格都代表了某一个内容范围及其某一种表现形式的组合。依据测验蓝图中每个单元格的要求来编写问卷题目，这样我们就可以确保最终的问卷涵盖了与其目的相关的所有方面。

在绘制测验蓝图时，我们需要决定是否给予每个单元格不同的权重，也就是说，是否为某些单元格编写更多的题目。这取决于我们是否认为某些内容范围或某些表现形式比其他的更为重要。在表 2.2 的测验蓝图中，不同内容范围的权重分配为：A 占 40% 的权重，B 占 40% 的权重，C 占 10% 的权重，D 占 10% 的权重。而四种表现形式各占 25% 的权重。

表2.2　为内容范围（竖列）和表现形式（横行）分配不同比例的题目

	内容范围			
	A (40%)	B (40%)	C (10%)	D (10%)
表现形式　A (25%)				
B (25%)				
C (25%)				
D (25%)				

在 GRIMS 中，由于我们认为所有的内容范围和表现形式都具有同等的重要性，因此，每个单元格都被分配了同等的权重。

请为测验蓝图中的每个内容范围分配一定比例的权重，并保证所有内容范围的权重总和为 100%。

请为测验蓝图中的每种表现形式分配一定比例的权重，并保证所有表现形式的权重总和为 100%。

请将这些比例记录在测验蓝图中。

每个单元格分配的权重代表了其对应的题目数量在问卷所有题目中所占的比例。而接下来我们要决定的是问卷中的题目总数。我们需要考虑的因素包括：测验蓝图的大小（一个含有很多内容范围和表现形式的大型测验蓝图比小型测验蓝图需要更多的题目）以及可用于问卷施测的时限。要求没有多少时间的人完成一份冗长的问卷是没有意义的，因为他们作答的质量会非常低，并可能出现漏答的现象。与此同时，答题者的特征也是非常重要的。儿童、老年人以及患有生理或心理疾病的患者可能需要更长的时间，且无法长时间集中注意力。尽管为了确保较高的信度，问卷需要足够数量的题目，但是答题者的配合也是至关重要的，因此，我们必须在二者之间取得平衡。每个量表通常需要至少 12 道题目以达到对信度的要求。但是，在前期设计问卷时，每个量表都应以至少 20 道题目为目标。如果题目简单直接的话，这种体量的问卷应该花费答题者不到 6 分钟的时间就可以完成。开发问卷时需要首先编制一套预测验版本，因此，在绘制测验蓝图时应规划比问卷的最终版本多至少 50% 的题目。

GRIMS 旨在为受到或者没有受到感情困扰的伴侣提供一份简短的问

卷。我们预期最终版本的量表含有大约 30 道题目，因此，在预测验版本中我们编制了 100 道题目。

请参考以下几个因素以决定问卷预测验版本中所要包含的题目数量：问卷最终版本所期望的题目数量、测验蓝图的大小、可用于施测的时限以及答题者的个体特征。

当测验蓝图的所有单元格都分配了一定的权重，并确定了预测验问卷中的题目总数以后，我们就可以计算出每个单元格需要编写的题目数量。表 2.3 所示的测验蓝图显示了在给定权重的情况下，总计 80 题的预测验问卷分配到每个单元格的题目数量。该计算过程的第一步是计算出每个内容范围和每种表现形式的题目总数。这个测验蓝图规定了内容范围 A 和内容范围 B 的题目各占题目总数的 40%（即各含有 32 道题目），而内容范围 C 和内容范围 D 的题目各占题目总数的 10%（即各含有 8 道题目）。这些数字被记录在该测验蓝图的底行。同样地，该测验蓝图中还规定了每种表现形式的题目各占题目总数的 25%（即各含有 20 道题目），这些数字被记录在测验蓝图的最右列。为了计算出蓝图中每个单元格的题目数量，我们需要将各内容范围的题目总数分别与每一行表现形式所分配的比例相乘。例如，左上角单元格（内容范围 A/ 表现形式 A）的题目数量为 8，即 32 道题目的 25%。依此类推，我们可以得到每个单元格所对应的题目数量。如果某个单元格的题目数量不是整数，可以选取该数字以上或以下的近似值，但应确保最初设定的题目总数保持不变。

表2.3　依据测验蓝图为每个单元格、每个内容范围和每种表现形式分配题目数量

		内容范围				题目数量
		A (40%)	B (40%)	C (10%)	D (10%)	
表现形式	A (25%)	8	8	2	2	20
	B (25%)	8	8	2	2	20
	C (25%)	8	8	2	2	20
	D (25%)	8	8	2	2	20
题目数量		32	32	8	8	80

GRIMS 测验蓝图中有 40 个权重相等的单元格，预测验版本共有 100 道题目，因此每个单元格可以分配两道或三道题目。

请在测验蓝图的每个单元格中录入需要编写的题目数量。

■ 编写题目

在问卷中可以采用多种类型的题目，最常见的有双项选择题、多项选择题和评分量表题目。不同的题目类型适用于不同的测量目的，在选择适合的题目类型时需要考虑问卷所希望测量的目标的属性或特征。

双项选择题（判断题）

在双项选择题中，答题者需在题目所提供的两个选项中选择一个答案，如"正确"或"错误"，"是"或"否"。该类题目常见于基于知识的问卷中，例如："哥伦比亚的首都是波哥大：对还是错？"在人格问卷中有时也会采用这种类型的题目，例如："我从来都不会佩戴幸运符：是或否？"该类题目一般不适用于临床症状、情绪或态度问卷，但偶尔也会出现在这些问卷中。

优点

双项选择题适用于对事实性的知识以及对题目中所提供材料的理解的考核。这类题目使用起来简单快捷。

缺点

对于测量能力、能力倾向和成就的题目来说，正确答案往往不是十分明确的，也就是说，没有完全正确或完全错误的答案。还有一个问题在于，答题者有50%的概率可以通过猜测答对题目。对于测量人格、临床症状、情绪和态度的问卷来说，并不存在正确或错误答案之说。同时，答题者常常认为双项选择题的可选范围太窄，过于局限。

多项选择题（单选题）

在多项选择题中，答题者需要在题目所提供的至少两个选项中选择一项作答。这种题目由两部分组成：（1）题干——一个陈述句或问句，用来阐述需要解决的问题；（2）选项——一系列可选答案，其中只有一个是正确或最佳选项，而其他的选项均为干扰项。通常使用四个或五个选项以降低猜对题目的概率。该类题目是基于知识的问卷最常用的题型，例如：

哥伦比亚的首都是哪里？

A. 拉巴斯

B. 波哥大

  C. 利马

  D. 圣地亚哥

此题型不适用于基于个体的问卷。

优点

该类题型对出现在能力问卷、能力倾向问卷和成就问卷中的各种材料都非常适合。它也可以用于编制具有一定难度的题目，且易于施测与计分。此外，在多项选择题中，猜测对作答的影响显著降低。例如，含有五个选项的题目猜对的概率为 20%，而在双项选择题中，猜对的概率则为 50%。

缺点

编写高质量的多项选择题需要时间和技巧。一个普遍存在的问题是，并非所有的选项都是有效的，也就是说，有些选项由于与正确答案相差太大，以至于根本不被视为可选答案。这导致一道原本有五个选项的题目缩减为只有三个或者四个选项，甚至两个选项。

评分量表题目

  在评分量表题目中，选项以连续的方式排列于一个轴上，例如："是""不知道""不是"，"正确""不确定""错误"，"强烈不同意""不同意""同意""强烈同意"，"总是""有时""偶尔""几乎不""从不"。在此类题型中，选项的数量通常不会超过七个，这是因为答题者难以区分七个以上的选项彼此间在意义上的差异。虽然评分量表题目与多项选择题类似，两者都为答题者提供了多个选项，但在评分量表题目中，选项之间是有顺序的，而多项选择题中的选项是相互独立的。评分量表题目不适用于基于知识的问卷。该类题目是基于个体的问卷中使用最为广泛的题型，例如：

  我不是一个迷信的人。（　　　）

  A. 强烈不同意

  B. 不同意

  C. 同意

  D. 强烈同意

优点

与双项选择题相比，答题者在评分量表题目中能够更为精准地表达自己的感受。

缺点

答题者对相同的题目选项可能有不同的解读，例如，"经常"一词对不同的人来说具有不同的含义。此外，某些答题者总是倾向于选择极端选项。当选项数量为奇数时，很多答题者则倾向于选择中间选项，如"不知道"或"偶尔"。

问卷应采用与所呈现的材料相匹配的选项类型。至于哪种类型的选项最好，并不存在固定的规则。人格或情绪问卷可能需要使用诸如"一点也不""有点""非常"等选项。态度问卷中的题目通常陈述了对某一个对象的态度，常用的选项是"强烈同意""同意""不确定""不同意""强烈不同意"。在临床症状问卷中，最合适的选项常常与症状的出现频率相关，例如"总是""有时""偶尔""几乎不""从不"。

选择多少个选项最为合适，这一问题同样取决于问卷的性质。重点在于，选项的数量应该足够多，让答题者感到能够充分地表达自我。同时，选项的数量也不能过多，以免答题者不得不在选项间做无意义的区分。在使用等级量表题目的问卷中，如果答题者的作答强度会体现在其测验分数中，那么题目通常需要至少四个选项。

由于问卷中包含的材料本身的原因，有时我们需要在同一问卷中采用不同类型的题目。但是，我们应尽可能地在一份问卷中只使用一种类型的题目，这样最终呈现出来的问卷会显得更为简洁明了。

对于评估伴侣关系状态的量表来说，最为合适的题型是评分量表题目。针对 GRIMS 题目中的陈述，答题者需要在"强烈同意""同意""不同意""强烈不同意"之间做出选择。选项的等级代表了不同强度的感受，从而影响了最终的分数。所有的题目都采用迫选的形式，即在选项中不存在"不知道"这一类别。

请确定当前的问卷采用哪一种题目类型最为合适。一般来说，基于知识的问卷最适合采用多项选择题，基于个体的问卷最适合采用评分量表题目，而双项选择题只有在有充足的理由时才会考虑，比如对答题的速度或简易性有特定要求的时候。在决定应该选择哪种题型时，可以尝试使用不同的选项来编制每种类型的题目。通过这种方法，我们很快就能发现最适合问卷的题目类型。

在编写问卷题目之前，请阅读下列总结的要点。如需获取更多有关如何编写高质量题目的详细内容，请参阅罗伯特・桑代克（R.M.Thorndike）与特雷西・桑代克–克莱斯特（Tracy Thorndike-Christ）于 2014 年出版的《教育评价：教育和心理学中的测量与评估》一书。

所有问卷

请确保问卷的题目与测验蓝图相符。在将题目与蓝图中的单元格相匹配的过程中可能会遇到一些困难，因为有些题目可能适用于多个单元格。如果你发现某些单元格是不合适的，决定删掉它们，那么请一定慎重，只有在彻底考虑清楚后才可将其删除。同时切记，测验蓝图是指导性的，而不是约束性的。

编写题目的时候应做到清晰、简洁。避免使用无关的材料，选项应尽可能简短。每道题目应该只包含一个问题或一条陈述。尽可能避免使用诸如"经常"之类的主观性词语，因为不同的答题者可能会对这类词语做出不同的解读。此外，应确保所有的选项都是合乎逻辑的，也就是说，没有明显错误或与材料无关，进而根本不可能被选中的选项。

在编写完题目几天以后，应对这些题目再次进行审阅。建议请一位同事来查看题目，以确保它们通俗易懂、清楚明了。

基于知识的问卷

请确保对双项选择题的答案可以做出毫无争议的判定，否则某些答题者将会提出现有选项的例外情况。

对于多项选择题，请确保每道题目只有一个正确或最佳答案。理想状况下，答错的人选择每个干扰项的概率是相等的。请记住，选项的相似性越高，题目的难度就越大。

基于个体的问卷

有时，答题者会不考虑题目的内容而以下面某种方式完成问卷。

默许效应

默许效应指的是答题者不管题目的内容是什么，都对题目表示同意的倾向。为了降低默许效应的影响，我们可以在相对的两个计分方向上设置数量相等或几乎相等的题目。因此，我们通常需要对一些题目进行反向处理。例如，"我对我们的伴侣关系感到满意"可以反向设置为"我对我们的伴侣关系感到不满意"。在对题目进行反向设置时，务必确保反向设置后的题目与原题目的含义是相反的。最好不要使用双重否定句，以免引起混淆。在清晰、明确、具体的题目中，默许效应出现得就比较少了。

社会称许性作答

社会称许性作答指的是答题者按照社会所认可的方式回答问题的倾向。为了降低社会称许性作答的影响，可以在问卷中删除那些具有过高或者过低社会称许性的题目。如果由于问卷的性质而无法避免此类题目，那么可以尝试以间接的方式进行提问，这样答题者的作答反映的就不仅仅是其希望展现的形象。例如，在测量偏执时，可以将题目巧妙地表述为"有些人我可以完全信任"，而不是"有人在密谋暗算我"。此外，要求答题者凭借第一反应快速作答，而不是深思熟虑后才回答，也可以降低社会称许性作答的影响。

犹豫不决（中立作答）

犹豫不决（中立作答）指的是答题者选择"不知道"或"不确定"这类中立选项的倾向。解决这一常见问题十分简单，只需将题目的中间选项删除即可。这种做法并无不妥，但是答题者可能会因某些题目难以作答而感到恼火。

极端作答反应

极端作答反应指的是答题者不顾题目方向而选择极端选项的倾向。某些答题者可能会在回答连续的若干题目时选择一个方向，然后在回答其他题目时切换到另一个方向，依此类推。同样，在问卷中使用清晰、明确、具体的题目可以降低极端作答反应的影响。

在编写题目时，请不要忘记考虑上述这些习惯性的作答方式。同时，仔细的项目分析也可以帮助我们排除那些受到作答偏差影响的题目。

GRIMS 的例题如下：

"我们似乎喜欢同样的事物。"——该题对应的是测验蓝图中代表内容范围（A）和表现形式（B）的单元格。

"我希望我们之间拥有更多的温情和爱意。"——该题对应的是测验蓝图中代表内容范围（D）和表现形式（D）的单元格。

请将每道题目写在一张小卡片上，这样就可以轻松地更改题目的措辞并调整题目间的顺序。 在对问卷题目进行排序时，建议选择一道有趣的、容易的题目作为开始，然后以洗牌的方式对剩余的题目随机进行排列。如果有很多类似的题目被排在了一起，那么请进行适当的调整。基于知识的问卷有时会采用难度递增的题目，请按照由易到难的顺序对题目进行排序。

设计问卷

想要开发出具有高信度和高效度的问卷，良好的设计是至关重要的。布局清晰、易于理解的问卷可以有效缓解答题者对题目的恐惧感，使他们更加认真地完成问卷。

背景信息

请使用标题，并留出足够的空间给答题者填写姓名、年龄、性别以及其他所需的背景信息。此外，问卷施测的日期通常也是有用的信息，尤其是当问卷需要被重复使用的时候。

指导语

指导语必须清楚明了。答题者应该能够从中知晓如何选择答案，以及如何在问卷中标明所选取的答案。指导语应该提供其他相关的指示，例如"请尽可能快速地作答""请回答所有的题目""请尽可能如实作答"等。指导语还应该强调有助于提高答题者配合度的信息，例如有关保密性的信息。

下面是一套采用多项选择题、基于知识的问卷的指导语示例：

> 指导语：每道题目都有 A、B、C、D、E 五个选项，请从中选择一项作答。请仔细阅读每道题目并选择能够回答问题的最佳答案。你可以在相应的字母上画圈，以此来标示出你所选择的答案。你答对题目的总数即为你的分数，因此，即使你不能确定正确答案，也请回答所有的问题。

下面是一套采用评分量表题目、基于个体的问卷的指导语示例：

> 指导语：每个问题都包含一个陈述句以及以下一系列选项：强烈不同意、不同意、同意以及强烈同意。请仔细阅读每个陈述句，并选择最能表达你的感受的选项，然后在相应的选项上打钩。请回答所有的问题。如果你不能完全确定哪个答案最为准确，那么请选择你认为最合适的答案。不要在每个题目上花费太多的时间。请尽可能诚实地回答每个问题。所有信息都将严格保密处理。

布局

下列提示有助于我们恰当安排页面上的题目，以便于阅读：

（1）给每个题目编号。

（2）保持每行简短，不超过大约 30 个汉字（10～12 个英文单词）的长度。

（3）确保所有题目都向页面的左侧垂直对齐。

（4）将作答选项向页面的右侧垂直对齐。在页面上方标明标题，并在每道题目旁边插入相对应的标记。为了保证每道题目与其相应的选项之间有着清晰的对应关系，可以在题干与选项之间插入一条虚线。

	强烈不同意	不同意	同意	强烈同意
1.＿＿＿＿＿＿＿＿	SD	D	A	SA
2.＿＿＿＿＿＿＿＿	SD	D	A	SA
3.＿＿＿＿＿＿＿＿	SD	D	A	SA
4.＿＿＿＿＿＿＿＿	SD	D	A	SA
5.＿＿＿＿＿＿＿＿	SD	D	A	SA

（5）每道题目之间使用空格而不是水平线来进行分隔。如果问卷的题目、指导语以及背景信息都可以放在同一页面上，那么这是比较理想的状况。但是，如果这样看起来比较局促的话，那么最好将问卷整理到 2～3 页上，这样看起来会更加整洁。

（6）如果在问卷中同时使用多种类型的题目，则需要将同一类型的题目整理在一起。每种类型的题目需要各自不同的指导语及作答选项。

（7）请记住，不同的台式电脑、笔记本电脑和智能手机可能会采用不同的布局方式，因此，务必要确保问卷在所有电子设备上都可以正常显示。如果有人仍希望采用纸笔回答问卷，那么使用高级打印机将问卷打印出来也是可行的。无论采用哪种媒介，都应确保问卷的字体大小合适、便于阅读。在设计版面布局时，可以发挥创意，尝试不同的字体、颜色、大小和间距，并从中选择最为理想的效果。

（8）运用版面设计可以突出或者掩饰问卷的目的。比如，小而紧凑的字体可以使问卷看起来非常正式，而如果使用大号字体，并在彩色纸上松散地排列题目，就会使问卷看起来更为友好。版面设计可以营造不同的氛围，所以请精心地设计问卷。

> 在设计 GRIMS 时，我们主要考虑的是施测的简易性。答题者必须在一个可以上下滚动的页面上回答 28 道题目，而这些题目都含有相同的选项。这使得答题者可以简单快速地完成问卷。

在设计问卷时，可使用不同的媒介尝试不同的布局方式，直至找到最为合理的布局安排。此外，还可以尝试不同的字体、颜色、字号、间距以及页数，

从而确定最为美观的布局。

在对问卷计分的时候，请为每个作答选项分配一个分数，然后将每道题目的分数相加得出问卷的总分。

对基于知识的问卷，常见的做法是给每道题目的正确选项或最佳选项打 1 分，而给干扰项打 0 分。问卷的总分越高，表明答题者的作答表现越好。

而对基于个体的问卷，应根据一个连续标准为作答选项分配不同的分数，例如：总是=5，常常=4，偶尔=3，几乎不=2，从不=1；是=2，不确定=1，不是=0；正确=1，错误=0。对于反向题目，为了使所有题目的计分方向一致，我们需要对其计分方式进行反向处理（例如：总是 =1，常常=2，偶尔=3，几乎不=4，从不=5）。在对这些题目反向计分以后，将所有题目的分数相加得到问卷的总分。由于作答选项的计分方式不同，较高的问卷总分既可能代表所测量特征具有更高的表现，也可能代表其具有更低的表现。

采用一套适用于整个问卷的计分方法，通过识别答题者在每道题目上的作答选项及其分数，可以快速方便地计算出问卷的得分。在下面的范例中，答题者的总分为 12 分（2+2+3+5）。

	总是	常常	偶尔	几乎不	从不
1.＿＿＿＿＿＿＿＿＿＿＿	A(5)	U(4)	O(3)	**HE(2)**	N(1)
2.（反向题目）＿＿＿＿＿＿	A(1)	**U(2)**	O(3)	HE(4)	N(5)
3.＿＿＿＿＿＿＿＿＿＿＿	A(5)	U(4)	**O(3)**	HE(2)	N(1)
4.（反向题目）＿＿＿＿＿＿	A(1)	U(2)	O(3)	HE(4)	**N(5)**

对问卷计分时也可以编写一套简易的算法。但是，最好保留一份所有题目作答数据的备份，以防后期决定对计分过程做出更改。

对问卷进行预测验

编写好问卷题目的下一个步骤是对其进行预测验。这一步需要邀请与问卷的目标人群相似的群体来完成问卷。基于对所获取数据的分析，我们可以挑选出最佳题目并形成问卷的最终版本。

例如，如果问卷的目标人群是育有学龄前儿童的女性，我们就可以在婴幼儿诊所或者母婴中心进行预测验。如果问卷是面向大众的，则需要找到一组能够代表广大民众的群体进行预测验。而这通常比找到一组特定的群体更为困难。我们可以查询选民登记册，但是这种方法过于耗时，对于预测验来说并不值得。当无法找到一个真正具有代表性的群体时，使用一个近似的群体通常也足够了。一种常见的方法是，在购物中心、火车站、公交车站、机场休息厅、医院候诊室或大型组织的食堂等公共场所派发问卷。参与预测验的答题者应该具有不同的人口学特征，如年龄、性别和社会阶层。如果问卷的目标人群不限性别而预测验的答题者却只有男性，或者问卷的目标人群为某个行业的所有人却在预测验中只选用管理层而不包括一线工人，这都是没有意义的。在预测验时收集答题者的有关人口学信息是很重要的，因为这有助于在后期对问卷进行验证。

问卷的预测验版本应尽可能多地收集数据。答题者的人数至少要比题目的总数多出一个。如果实在无法获取上述所要求数量的答题者，那么宁可使用更少的人数，也不应省略预测验这一步。

GRIMS 的预测验在来自英国各地伴侣关系治疗和伴侣关系辅导诊所的 60 对伴侣中进行。

请在与问卷的目标人群相似的群体中开展预测验，并收集相关的人口学信息。

项目分析

接下来，我们要利用预测验所收集的数据进行项目分析，从而筛选出最佳题目，形成问卷的最终版本。这一过程包括对每道题目的难易度和区分度进行检验。对于基于知识的多项选择题，我们还需要对干扰项进行检验。

首先我们要做的是绘制项目分析表，其中每一纵列（a，b，c，d，e等）各代表一道题目，而每一横行（1，2，3，4，5等）则各代表一位答题者。对于基于知识的题目，在答题者给出正确选项的单元格中填入"1"，给出错误选项的则填入"0"。然后计算每一横行（即每位答题者）及每一纵列（即每道题目）中单元格的总分。

表 2.4 显示了一个基于知识的问卷项目分析表示例。

表2.4　基于知识的问卷项目分析表示例

	题目					总分
	a	b	c	d	e	
答题者 1	1	1	0	1	1	4
答题者 2	0	1	0	0	1	2
答题者 3	1	0	0	1	1	3
答题者 4	1	0	0	0	1	2
答题者 5	1	0	0	1	1	3
总分	4	2	0	3	5	
难易度	0.8	0.4	0.0	0.6	1.0	
区分度	0.13	-0.48	无法计算	0.67	无法计算	

难易度

不论是测量知识还是人格特征，大多数问卷设计的目的都是对答题者进行区分（参见第 3 章有关标准化的讨论）。因此，不同的答题者能够做出不同回答的题目，才是好题目。难易度指数表明了所有答题者以相同方式回答某一道题目的程度。如果所有答题者都以相同的方式作答，那么这样的题目就是多余的，我们需要将它们从问卷中删除。例如，如果每个答题者都答对了某一题，这只会使每个人的总分都增加一分，而无法对他们进行区分。

对基于知识的问卷，难易度指数的计算方法为：用答对某题的人数除以答题者的总人数。理想状况下，每道题目的难易度指数应介于 0.25 和 0.75 之间，整个问卷的平均难易度为 0.5。小于 0.25 的难易度说明该题目过于困难，因为只有少数的答题者能够答对；而大于 0.75 的难易度表明该题目过于简单，因为大多数答题者都可以答对。在表 2.4 中，由于所有答题者都以相同的方式回答了题目 c 和 e，因此我们应该将它们从问卷的最终版本中删除。

如果是基于个体的问卷，题目的分值可能会大于 1。例如，如果题目的作答选项设置为强烈同意、同意、不同意和强烈不同意，那么其分值可能是 1、2、3 和 4。此时，在项目分析表中应该填入题目的实际分数，同时确保反向题目的计分方向与其他题目相反。对基于个体的问卷，难易度指数的计算方式为：用所有答题者在该题目上的得分总和除以答题者的总人数。如果某一题目的难易度等于或接近于其最低分或最高分，就不应将其保留在问卷的最终版本中。此外，我们还应该仔细观察项目分析表中的分数，确保在那些难易度适中，即分布在最高分和最低分之间的题目上，不会出现所有人都选择中间选项的现象。

区分度

区分度指的是题目根据问卷所测量的特质对答题者进行区分的能力。也就是说，在基于知识的问卷中表现优异的答题者，或者是在基于个体的问卷中具有相应特质的答题者，都应以某一特定的方式回答每道题目。只有那些与问卷中的其他题目测量同样内容（不论是知识还是人格特征）的题目，才可以被保留在问卷的最终版本中。在基于知识的问卷中，这意味着对于每一道题目来说，问卷总分较高的人应该比总分较低的人更有可能答对该题。而不能达到这一要求的题目则被认为无法区分高分和低分，因此应予以删除。

通常情况下，一道题目的区分度可以用该题目得分与问卷中所有其他题目得分之和（即问卷总分减去该题目得分）之间的相关性来表示。我们可以使用Excel 等电子表格程序来执行此操作，此外，任何统计分析软件均可用于计算区分度。在表 2.4 中，我们使用了皮尔逊积矩相关系数（Excel 中的 CORREL 函数），而有些人更倾向于使用二列相关或者点二列相关。然而，无论我们采用哪种方式进行计算，重要的是相关系数的相对大小，而不是实际大小，所有这些计算方式得到的相关系数之间的相对顺序都是一致的。相关系数越大，题目的区分度就越高。一般来说，题目的区分度应不低于 0.2，而区分度低于或者等于 0 的题目需要从问卷中删除。在表 2.4 中，只有题目 d 完全符合这个标准。题目 b、c 和 e 需要删除，因为它们要么具有负的区分度，要么区分度无法计算（因为公式中的分母为零）。对于最终问卷中题目的筛选标准，并没有硬性的规定。通常 70% ~ 80% 的题目会得以保留。题目的区分度越高越好。但是在表 2.4 中，我们或许也可以考虑保留题目 a，因为只剩下这一道题目了！无论数据来源于基于知识还是基于个体的测验，都可以使用相同的程序来分析题目的区分度。

干扰项

此外，我们还应该对未选择正确选项或最佳选项的答题者的作答情况进行检查，以确保每个干扰项被选择的比例大致相同。为此，我们可以计算每个干扰项被选择的次数。在同一题目中，每个干扰项被选择的次数应该是相近的。对于那些干扰项表现不正常的题目，可以考虑从最终的问卷中删除。

在对问卷最终版的题目进行取舍时，我们必须综合考虑多种因素并进行权衡。除了难易度、区分度以及干扰项以外，我们还需要考虑问卷最终所需的题目数量（为了满足信度要求，不能少于 12 题，通常需要 20 题），以及题目与测验蓝图之间的匹配程度。例如，当测验蓝图的某一内容范围的题目较少时，区分度较低的题目也可予以保留；如果某题难易度较低，但是区分度良好，也可以考虑保留。在人格问卷中，应确保大约一半的题目为反向题目。到了这一阶段，如何改进题目应该十分清楚了。例如，可以通过修改题目的措辞来调整题目的难易度，或者调整题目的某一个干扰项，使其更贴近现实。但是，需要注意的是，不要对太多的题目进行改动，因为我们无法预估这些改动将会对问卷的信度和效度产生何种影响。项目分析的过程只能告诉我们每道题目的特性，而最终是由你来决定哪些标准对你的特定问卷最重要。

请根据题目的难易度、区分度以及干扰项等因素对预测验版本中的题目进行筛选，形成问卷的最终版本。然后重复之前的步骤，对题目进行排序，并对问卷的版面进行设计。

获取信度指标

信度是对问卷准确性的一种估计，我们将在第 3 章对此进行更详细的讨论。简单来说，如果答题者在不同的场合能够取得相近的分数（前提是其本身没有发生改变，从而影响答题的方式），就说明该问卷是可靠的，即具有信度的。当问卷发布的时候，其信度是必须报告的。因此，我们需要了解选择特定的题目会对信度造成怎样的影响。虽然到目前为止，我们只向答题者采集了一次问卷作答数据，但是利用这部分已收集的数据还是能够估计信度的。对此，我们有两种方法。虽然关于哪一种方法最为合适有很多争论，但是这两种方法通常（而且相当不可思议）都会得出非常相似的结果。

克隆巴赫系数

第一种方法是计算统计量克隆巴赫系数（Cronbach's alpha），这是衡量问卷内部一致性的一个指标。用克隆巴赫系数来表示信度的做法得到了人们的广泛认可。大多数统计软件包都可以利用项目分析表中的数据方便地计算克隆巴赫系数。

分半信度

第二种方法称为分半信度。在该方法中，问卷被分成两半（通常按奇数项和偶数项的方式将题目分开），用这两半题目之间的相关性来评估整个问卷的信度。可以将问卷两半之间的皮尔逊积矩相关系数代入斯皮尔曼–布朗公式（Spearman-Brown formula）中，来估算整个问卷的信度。

斯皮尔曼–布朗公式如下：

$$r_{11} = (2r_{\frac{1}{2}\frac{1}{2}}) / (1 + r_{\frac{1}{2}\frac{1}{2}})$$

式中，r_{11} 代表整个问卷的信度估计值，$r_{\frac{1}{2}\frac{1}{2}}$ 代表问卷两半之间的相关性。

比如，当问卷两半之间的皮尔逊积矩相关系数为 0.8 时，问卷信度的估计值为：

$$r_{11} = 2 \times 0.80 / (1 + 0.80) = 0.88$$

一般来说，答题者的数量越多，信度的估计值就越大。如果在预测验中只有不到 50 名答题者，那么问卷的最终版本必须收集更多的数据，同时还要保证这些人与问卷的目标群体保持一致。如果预测验的数据既用于筛选题目又用于估算信度，就意味着问卷的信度被过高估计了。理想状况下，我们需要至少 200 名未参与预测验的答题者的数据来估算信度。如果问卷的目标群体包括多种不同类型的答题者，通常需要证明该问卷在各种不同类型的人群中都是具有信度的。在这种情况下，我们总共需要至少 200 名答题者。不论使用哪种方法来计算信度，基于个体的问卷，其信度通常需要大于 0.7，而基于知识的问卷，其信度则要求大于 0.8。

在 GRIMS 中，针对预测验的答题者、参加伴侣关系治疗的来访者以及一般人群这三个群体，分别计算了男性和女性的分半信度。所有信度值都介于 0.81 和 0.94 之间。

请使用预测验中所有答题者的相关题目数据来计算问卷最终版本的分半信度。如果有必要，可以增加答题者的人数。对于每个答题者，分别计算他在问卷最终版本中奇数题目和偶数题目的总分，再使用皮尔逊积矩相关系数公式计算问卷奇数题目和偶数题目之间的相关性。将这一相关系数代入斯皮尔曼–布朗公式，从而获得整个问卷的信度估计值。

评估效度

问卷的效度指的是问卷测量的内容与测量目的相一致的程度。我们将在第3章对效度进行更为详细的讨论，在此，我们只介绍两种可供选用的效度。

表面效度

表面效度描述的是答题者对问卷的表面印象，也就是说，问卷是否看起来与它所宣称的测量目的相一致。如果不一致的话，那么答题者可能不会以严肃认真的态度来完成问卷。因此，请仔细查看所选择的题目和问卷的总体布局，以满足表面效度的要求。

内容效度

内容效度考察的是问卷的内容与目的之间的关系，即测验命题细目表与任务说明之间是否相匹配。例如用于招聘的问卷，其测验蓝图应当与招聘岗位的职位描述相匹配。通常在编制测验蓝图和进行项目分析时，需要对内容效度加以关注。然而，确保在问卷的最终版本中题目之间的分配与初始的测验蓝图相吻合也是很重要的。

GRIMS 就其测验命题细目表而言具有较高的内容效度，同时，在筛选题目的过程中又保证了良好的表面效度。对于 GRIMS 来说，具有良好的诊断效度也是十分重要的。为了确认其诊断效度，我们发现那些在婚姻辅导诊所就诊的伴侣的得分显著高于一般人群中匹配样本的得分。此外，接受婚姻治疗的伴侣的得分也显著高于那些接受性治疗的伴侣的得分。因为 GRIMS 的目的之一是衡量治疗后的改善效果，所以我们还需要验证 GRIMS 在测量变化时的效度。为此，参与治疗的伴侣在治疗前后各完成了一份 GRIMS 问卷，而治疗师则在对来访者 GRIMS 分数不知情的情况下，对他们的治疗效果进行了评价。其采用的是 5 分量表，其中 0 分代表有很大的进步，4 分代表关系恶化。每对伴侣的得分取自男方和女方 GRIMS 得分的均值。用治疗后的得分减去治疗前的得分，这一差值代表了治疗的变化分数。这一变化分数与治疗师给出的疗效评分之间的相关系数为 0.77。这就是 GRIMS 在测量变化时的效度的有力证据，证明 GRIMS 不仅可以用于评估伴侣关系质量的变化，也可以用于评估治疗的有效性。

请确保问卷具有较高的表面效度和内容效度。请仔细考虑在后续阶段还需要进行哪些形式的效度验证，并拟定所需的数据收集计划。

■ 标准化

标准化指的是利用适当的答题者样本获取问卷最终版本的标准分数的过程（详见第 3 章），而这些标准分数被称为常模。为了保证常模具有参考价值，必须根据明确规定的标准，谨慎地选取大量的答题者组成标准化样本。常模也可以根据预测验的数据来计算，但这种方法并不推荐。

有了常模以后，我们就可以解释个体的得分，即他们在问卷中的得分是否典型。这是十分有用的信息，比如，我们可以知道一个儿童与同龄人相比在能力测验中的表现如何，或是了解一个疑似患有临床疾病的人与被确诊患有此病的人相比有何不同。

然而，并非在所有的情况下都需要建立常模。如果开发问卷是为了学术研究，其中涉及不同群组之间的比较，那么常模虽然有助于解释群组作为整体的表现，却不是至关重要的。但是，如果我们希望对个体的得分进行解释，那么就必须建立完备的常模来与个体的分数进行比较。

标准化样本应包含尽可能多的答题者，并且确保其真正具有代表性。样本量通常最少需要几百人，但这在很大程度上也取决于样本的性质。某些类型的样本比其他类型更容易获取。与其收集数量更大但不合适的样本，倒不如收集数量较小但非常合适的样本。在某些情况下，需要收集多组标准化样本，或者对标准化样本按照年龄、性别或社会阶层等有关变量进行分层。理想状况下，每一组或每一层样本都包含几百人。借助于每一组或每一层的均值和标准差，我们得以将常模呈现出来。

标准化样本的均值就是该组答题者分数的平均值。标准差反映的是标准化样本中变异量的大小（离均差平方的平均数的平方根）。如果所有的分数已录入在 Excel 表格中，那么可以使用 STDEV 函数轻松地计算出标准差，也可使用其他统计软件进行计算。

在知道了标准化样本（即常模组）的均值和标准差之后，我们就可以计算出每个人的分数与均值相差了多少个标准差。这个数字介于 -3.00 和 $+3.00$ 之间，称为标准分数或 z 分数。标准分数的一个优点是，任何了解其计算方法的人都可以立即对他人的标准分数进行解释，并将其与标准化样本进行比较。如果 z 分数为 0，则代表该个体处于平均水平。如果 z 分数为 1.00，则代表该个体比均值高一个标准差。如果 z 分数是 -1.50，则代表该个体比均值低 1.5 个标准差，依此类推。然而，采用 z 分数对他人的测验结果进行反馈并不是一件容易的事情。因此，为了使 z 分数更易于理解，我们可以采用多种方式对其进行调整。这类分数都被称为标准分数。基于知识的测验中，最常见的标准分数是 T 分数。要获得 T 分数，只需将 z 分数乘以 10，再加上 50，然后四舍五入到最接近的整数即可。基于个体的测验中，常见的做法是将 z 分数乘以 2，再加上 5，然后将该数值四舍五入，得到一个介于 1 和 9 之间的分数，称为标准九分（stanine）。几乎所有的人格测试都采用标准九分。如今智商分数通常也会采用同样的方式进行标准化，但是区别在于 z 分数此时应乘以 15 再加上 100。

　　表 2.5 为一组具有 7 个人的标准化样本中每个人的标准分数示例。此表格中还有一列展示了对应的百分位，即标准化样本中获得该分数或更低分数的人所占的百分比。

表2.5　一组具有7个人的标准化样本中每个人的标准分数示例

人	分数					
	原始	z	T	标准九分	智商	百分位
1	44	-1.28	37	2	81	10.03
2	48	-1.04	40	3	84	14.92
3	57	-0.49	45	4	93	31.21
4	66	0.05	51	5	101	52.00
5	75	0.60	56	6	109	72.57
6	76	0.66	57	6	110	74.54
7	90	1.50	65	8	123	93.32
均值	65.14	0.00	50	5	100	
标准差	16.54	1.00	10	2	15	

　　GRIMS 收集了两组标准化样本：（1）因各种常见医疗问题咨询家庭医生的人群中的随机样本（一般人群）；（2）前往伴侣关系辅导诊所及性治疗诊所就诊的来访者（伴侣关系异常人群）。

**　　请使用具有尽可能多答题者的适宜样本对问卷进行标准化。借助于每组或每层样本的均值和标准差建立常模。**

第 3 章　心理测量的基本原则

　　经典的心理测量有四个基本原则，分别为信度、效度、标准化和公平性。信度指的是测试在多大程度上不受到误差的影响，而效度指的是测试在多大程度上测量了它原本所要测量的心理特质。如果一个测试信度很低，那么它就不可能具有高效度。因此，从逻辑上讲，不可能存在效度高但是信度低的测试，然而，信度高、效度低的测试是可能存在的。标准化指的是解释测试分数的方法。在解释测试分数时，既可以与参加过相同测试的其他人进行比较，也可以具体说明获得特定分数的人可能具备何种技能或属性。公平性则要求测试不应具有偏差。

■ 信度

　　我们通常可以借助物理学或工程学中的测量过程来理解信度这个概念。例如，当测量桌子的长度时，我们会假定测量是具有充分的信度的。为了验证这一点，我们可以进行多次测量，并将测量结果进行比较。即使我们力求精确，也不太可能每次都得到完全一样的测量结果。比如，第一次测量时，桌子的长度可能是 1.989 米，而第二次则变为 1.985 米。但在大多数情况下，如果误差只有这么小，我们并不会认为测量有任何问题。

　　然而，在社会科学中，人们面临的一个主要问题是测量工具的信度较低。例如，可能会有这样一种情形，一名学生在第一次地理测验中取得了 73 分，两个星期以后，采用同一份测验题目，他取得了 68 分。如果这只是一个课堂测验，那么我们可能觉得这两个得分还是很接近的，没有什么问题。然而，如果该测验为大学入学考试的一部分，70 分及以上被判定为 B，70 分以下被判定为 C，而只有得到 B 才能获得入学资格，那么在这种情况下，我们就不能忽视这两次测验分数之间的差异。这说明，虽然一个测试看起来具有足够的信度，但是依旧可能带来非常严重的后果。正是由于这个原因，我们首先需要确保测试具有尽可能高的信度，其次在解释测试结果时也要考虑到当前信度的局限性。所有公布的测试都需要对其信度及计算方式进行详尽的报告，同时，在编制和使用测试的时候，也一定要提及有关信度的信息。

重测信度

有多种方法可用于评估测试的信度，其中最为直接的是重测信度（test-retest reliability）。该方法是指对同一批答题者进行两次相同的测试，两次测试在施测时间上需要有一定的间隔，比如说一个月。每一名答题者都需要进行两次测试，从而得到第一次测试分数和第二次测试分数。对两次测试分数计算相关系数便可直接得出信度值。如果相关系数为 1，那么该测试就具有完美的信度，表明答题者在两次测试中得到了完全一致的分数。但是，这种情况在心理学和教育学的应用场景中是不可能出现的（除极偶然的情况之外）。如果两次测试间的相关系数为 0，那么该测试则毫无信度可言，因为这表明第一次测试所得分数与第二次测试所得分数之间完全不相关。这也意味着，如果答题者再进行一次同样的测试，他们会得到另一组完全不同的分数。在这种情况下，测试分数是毫无意义的。如果两次测试之间的相关系数为负值，则表明答题者在第一次测试中取得的分数越高，在第二次测试中取得的分数就越低；反之亦然。除非发生了意外，否则这种情况是不可能出现的。如果真的出现了这种情况，测试的信度将被判定为 0。由此可见，所有测试的重测信度都介于 0 和 1 之间，且越高越好。

运用相关系数来计算重测信度的一个优势在于，它在计算过程中不会受到第一次测试和第二次测试之间平均分数差异的影响。如果所有答题者的分数在第二次测试中都提高了 5 分，而其他条件都没有变化，那么该测试的信度仍然为 1。只有在相对顺序上的变化或者分数之间大小的变化才能影响信度的计算结果。因此，重测信度有时也被称为"测试稳定性"。

复本信度

尽管重测信度是最直接的评估信度的方法，但是在很多情况下该方法并不适用，尤其是在那些需要通过计算得到答案的基于知识的测试中。对于这类测试，答题者在第一次测试中学到的答题技巧很可能会运用在第二次测试中。因此，两次测试实际上并不等价。此外，动机的差异以及记忆也可能影响测试结果。答题者对待第二次测试的态度与第一次通常是完全不一样的（例如，他们可能会感到厌烦，焦虑程度也会降低）。由于上述原因，我们需要采用另一种方法来评估信度，即复本信度（parallel-forms reliability）。使用这种方法时，一个测试版本是不够的，我们需要两个测试版本，它们之间以一种系统的方式连接在一起。在编制测试时，命题细目表中的每一个单元格内都需要生成两组可供选择的题目，虽然这两组题目不同，但是测量同等的构念。例如，在算术测试中，第一个版本的题目为 2+7，而第二个版本对应的题目则为 3+6。运用这种方式构建的两套测试被认为是平行的（即复本）。每名答题者都需要完成两个版本的测试，而我们通过计算答题者在两个版本的测试中所得分数之间的相关性，就可以求得复本信度。

许多人认为复本信度是评估信度最好的方法，但是这一方法由于在实际操作中的困难而很少被采用。在编制测试时，我们的主要目标是获得尽可能好的题目，而如果我们要开发测试复本，这不单单需要两倍的工作量，还会出现一种可能，即我们可以在不同版本之间挑选较好的题目，将其合并生成一个"超级测试"，这一测试很可能比原始测试更为优异。比起开发测试复本，这通常是更为理想的结果。我们经常看到，在编制测试的初期生成的测试复本后来通过上述方式与原始测试进行了合并，斯坦福-比奈智力量表的后期版本就是其中一个例子。

分半信度

当采用分半信度这一方法时，测试被一分为二，形成两个只有一半长度的版本。如果通过随机的方式来划分测试，就会得到近似于测试复本的结果。就命题细目表而言，两个版本在题目分布上不存在系统的偏差，尽管其中每个单元格内并不一定都存在等价的题目。通常的做法是，分别取测试的奇数题目和偶数题目构成两个版本，前提是两个版本的题目在实际内容上基本做到了随机分配。每个答题者在两个版本的测试中会各有一个得分，因此每人会得到两个分数，对两者进行相关性运算会得到一个相关系数。然而，这个相关系数并非测试的信度，我们可以将其理解为半个测试的信度。我们不能直接采用该相关系数，因为我们需要的是整个测试的信度。但是，我们可以使用斯皮尔曼-布朗公式对其加以校正，从而得出整个测试的信度值，计算公式如下：

$$r_{test} = 2 \times r_{half} / (1 + r_{half})$$

式中，r_{test} 代表整个测试的信度，r_{half} 代表测试一分为二后两个分半测试之间的相关系数。由此可知，整个测试的信度等于分半测试相关系数的两倍除以该相关系数与 1 的和。假设两个分半测试之间的相关系数为 0.6，那么：

信度 $= (2 \times 0.6) / (1 + 0.6) = 1.2 / 1.6 = 0.75$

值得注意的是，整个测试的信度总是大于两个分半测试之间的相关系数。这反映了一条通用的规则，即测试越长，信度越高。这一点不难理解，因为题目越多，我们就可以得到越多的信息。因此，只要有足够的测试时间，并且不使答题者反感，我们就会尽可能地增加测试的题目数量。当然，这些题目必须具有区分度，也就是说，对测试总分有所贡献。

评分者信度

上述所有的信度评估方法尤为适用于客观测试，这些测试采用完全客观的计分方式。然而，当测试的计分方式中加入了一定的主观成分时，我们还可以使用其他的信度估算形式。例如，对于同一篇作文，不同的评分者可能会给出不同的分数。在结构化面试中，不同的面试官对同一个面试者的评定等级也可能存在差异。在这种情况下，可以计算两组作文分数或者两组面试评定等级之间的相关性，从而得到信度值。这种通过评分者分数间的相关性来评估信度的方法称为评分者信度（interrater reliability）。

内部一致性

测试的内部一致性表示测试中所有题目之间相关的程度。内部一致性有时也称为克隆巴赫系数或阿尔法系数，它经常用于代表测试信度。从逻辑上说，它比分半信度更进一步，因为此时测试被按照题目进行划分，而不仅仅是分成两半。在许多方面，它可被视作以各种方式对测试进行二分所得到的分半信度的均值，但是这仅适用于随机划分的情况。许多人认为内部一致性并不是真正的信度，并且有很多论据支持这一观点。然而，在实践中，测试的阿尔法系数通常与其分半信度非常接近，因此上述观点并没有什么实际意义。内部一致性可能会被某些不择手段的测试开发者滥用，因为只要在测试中多次重复相同或近似的题目，就可以人为地提高其内部一致性。例如，在开发测试时，如果信度不理想，某些人会采用这种小伎俩来提高信度，使其达到合格的水平（通常为 0.70）。事实上，如果测试中所有的题目都相同，那么其阿尔法系数将为 1.00，显然这一做法并不可取。执着于统计指标可能会导致极为怪异的结果。所以现实中应该怎么做呢？答案是，不要以 1.00 作为信度的目标，而应基于一组对当前所测量特质来说适度广泛的题目，争取得到一个预期的信度水平。对于人格测试而言，信度水平应该在 0.70 ～ 0.80，而能力测试的信度则应该在 0.80 ～ 0.90。

测量标准误差

在真分数理论（详见第 4 章）中，测试中观测到的分数是未知的真分数和测量误差这两部分的总和。如果我们对尽可能多的观测分数求平均值，那么这个平均值作为真分数的估计值将愈发地准确。多次观测分数的标准差称为测量标准误差（standard error of measurement, SEM），它为我们提供了关于观测分数在多大程度上反映了真分数的重要信息。如果测量标准误差很小，我们可以高度确信我们的观测是准确的。反之，如果测量标准误差很大，我们对观测结果的确信度就会大大降低。计算测量标准误差需要两方面的信息：测试的标准差及信度。获得以上信息后，我们就可以计算测量标准误差，它等于测试的标准差乘以 1 减测试信度的差的平方根。例如，如果一个测试的信度为 0.9，其标准差为 15，那么测量标准误差为：

$$15 \times \sqrt{(1 - 0.9)}$$
$$= 15 \times \sqrt{0.1}$$
$$= 15 \times 0.32 = 5（近似值）$$

　　测量标准误差反映了个体在测试中得分误差的标准差。从中我们可以了解到观测得分的误差分布情况。如果假设测量误差为正态分布，那么我们就可以借助测量标准误差计算出观测值的置信区间（CI）。置信区间确立了一个上限和一个下限，我们可以在一定程度上确信真分数在这个范围内。置信区间的范围取决于对确定性（即置信度）高低的要求。较高的置信度是非常重要的：如果在 1 000次里只能接受出现 1 次错误，这就需要 99.9% 的置信度。又或者我们可能只需要一个粗略的估计，例如出现错误的频率高达 1/10，即 90% 的置信度。虽然精确是好事，但是精确度越高，置信区间的范围就越大，真分数的不确定性也就越高。例如，假设某人在一般性知识测验中得到的观测分数为 43 分，测量标准误差是已知的，那么我们就可以根据不同的置信度计算相应的分数上限和下限。比如，95% 的置信度表明，我们有 95% 的把握确定这个人的真分数介于 40 分和 46 分之间。如果我们将置信度提高到 99.9%，或许就只能确定真分数介于 35 分和 50 分之间，而这个范围过于宽广，在实际应用中的有效性可能就会大打折扣。

　　在大多数情况下，我们可以采用 95% 的置信区间，因此出错的概率为1/20。从百分位数来看，这意味着所有介于 2.5% 和 97.5% 之间的数值都在可接受范围内。而被剔除在外的 5%（即最低水平的 2.5% 加上最高水平的 2.5%）代表了我们错误地将真分数置于这一范围内的概率（1/20）。依据正态曲线的特性，我们可以很容易地发现，该百分位数范围介于当前得分上下 1.96 个标准误差之间。因此，用 1.96 来乘以测量标准误差就可以得到 95% 的置信区间。

　　在上述例子中，由测试信度 0.9 和标准差 15 可得测量标准误差为 5，如果一个人的观测分数为90，置信区间为95%，那么我们可知真分数位于90-（5×1.96）和90+（5×1.96）之间，即约在80和100之间。基于对测试信度的了解，我们知道了误差的大小。从中我们可以判断出，假设另一个人取得了85分的成绩，那么他的分数与90分之间并不存在显著差异。如果我们需要根据测试结果从这两个人中选出一个，那么这一点将很重要。事实上，这个例子中的分数很可能来自韦氏儿童智力量表，该量表的信度约为0.9，标准差为15。由此我们就可以明白，为什么许多心理学家都不赞成只依赖智力测试来对儿童个体进行决策。

不同测试信度间的比较

信度系数的主要用途之一是对测试进行评估。通常来说，不同类型的测试可以接受的信度水平是不一样的。例如，智力测试的信度通常高于0.9，平均信度大概能达到0.92。而对于人格测试来说，信度高于0.7即可。对论文进行打分时，即使评分者预先制定了一致的、详细的评分方案，其评分者信度也非常低，约为0.6。众所周知，创造力测试的信度还要更低。比如，多用途测试（例题："你能列举一块砖的多少种用途？"）的信度极少能高于0.5。这类测试的问题是其设计所固有的。如果我们简单地用所回答用途的数量来代表分数，那么我们如何定义"不同的用途"？比如，"建造商店"和"建造教堂"可能应该算作同样的回答，但是非常精准地定义何为相同的答案是不可能的。投射测试的信度最低，如罗夏墨迹测试，其信度只有0.2，甚至更低。同样，在计分时做到完全客观是非常困难的。具有如此低信度的测试在用于心理测量时是没有价值的，但是在临床情境中可以用于辅助诊断。

值域的限制

在解读信度系数时，我们必须同时考虑到当前样本分数的分布情况。在计算信度时，应该确保样本与测试的应用对象是相似的。如果所选择的样本具有局限性，例如仅以大学生为样本，那么所得的信度值将会比以一般人群为样本所获得的信度值低很多。这种现象叫作值域限制效应（restriction of range effect）。一般而言，群体得分的标准差越大，信度的期望值越高。然而，在计算测量标准误差时，相对局限的群体其得分具有较低的标准差，由于其信度也较低（当单独以该群体为对象进行计算时），两者相互抵消，因此测量标准误差受值域限制效应的影响比较小。

效度

测试的效度同样也有许多种不同的形式。虽然有多种方法可以对效度进行分类，但其中最主要的类别包括表面效度、内容效度、预测效度、共时效度、结构效度和区分效度。

表面效度

表面效度（face validity）关注的是在测试的实施过程中，测试使用者和答题者对测试题目的可接受性。如果不认真对待表面效度，可能会产生严重的后果。如果答题者没有以认真的态度对待测试题目，那么测试的结果可能毫无意义。例如，某些有认知障碍的成年人在智力测试上的得分可能与 8 岁儿童水平相当，即便如此，在为他们设计测试时使用幼稚的儿童材料也是不合适的，很可能会引起答题者的反感。同样，如果在招聘时使用一份主要用于检测精神病症状的测试，那么求职者可能会感到失望。因此，在评估测试的适用性时，除了检查测试形式上的特征以外，还必须针对测试的目的考虑题目的风格和适宜性。

内容效度

测试的内容效度（content validity）考察的是在编制测试时使用的命题细目表在多大程度上反映了开发测试的特定目的。在教育领域，检验内容效度通常需要对课程设计和测试设计进行比较。招聘时使用的选拔性测试，其内容效度指的是职位说明和测试命题细目表之间的匹配程度。因此，内容效度是检验心理测量实用性最主要的效度形式，在测试开发者使用标准参照测验的方法来评估技能学习效果或者进行课程评价时，内容效度也被称为效标关联效度或者领域参照效度。内容效度是心理测量的基础，评判所有的测试开发过程都需要以此为依据。对内容效度的评价应该更侧重于定性而不是定量，因为了解测试偏离效度的形式通常比了解其偏离程度更为重要。从本质上说，如果测试的命题细目表没有反映任务说明的要求，那么它一定反映了其他的内容，而所有这些其他的内容就会成为潜在的误差来源。

预测效度

预测效度（predictive validity）是采用统计方法计算效度的主要形式，在使用测试进行预测时，比如在就业选拔或培训项目中都可以采用这种形式，其目的在于预测人们在这些领域是否能取得成功。预测效度可以用测试分数本身与在相应领域中成功度的分数（即"达标程度"）之间的相关性来表示。例如，在英格兰和威尔士，大学依据普通教育高级水平证书考试（A-level）的等级来选拔高中生，对此可以合理地假定学生取得的高级水平证书的数量和等级与其在大学取得学业成功的概率是相关的。我们可以通过合并高级水平证书等级的方式生成一个分数（例如，A++ 级 = 6，A+ 级 = 5，A 级 =4，B 级 = 3，等等，最后将所有科目的成绩相加）。采用类似的方法，我们也可以对大学学业成绩求得一个分数，例如，不及格为 0 分，及格或三等成绩为 1 分，二等成绩为 2 分，一等成绩为 3 分。简单计算高级水平证书考试的分数和大学学业成绩分数之间的相关性，其相关系数可以用于衡量高级水平证书考试选拔系统的预测效度。如果相关系数较高，比如超过 0.5，我们就可以认为这种选拔方式是合理的；但是如果相关系数为零，那么我们肯定会对此产生疑虑，因为这就意味着学生在大学的学业表现与其高级水平证书考试的成绩毫无关系。也可能会出现这种情况，即一些有 B 级证书的人与那些取得三个 A 级证书的学生有同样的机会在大学学业上取得一等成绩。这样的话，高级水平证书考试选拔系统就没有任何效度可言了。

预测效度的一个常见问题是，未被选中的个体无法生成效标分数（例如，那些没能进入大学的人将没有大学学业成绩分数），因此，数据总是不完整的。在这种情况下，计算得出的预测效度几乎总是被低估。对此，通常的做法是，利用现有的数据，然后向下进行外推。例如，如果那些被选中的取得了 3 个 B 级证书的学生比取得了 3 个 A 级证书的学生表现差，那么可以推断得出，仅取得 3 个 C 级证书的学生会表现得更差。然而，这种推断方法总是具有一定的不确定性。

共时效度

共时效度（concurrent validity）从概念上说也采用了统计的方法，指的是一个新的测试与旨在测量相同构念的现有测试之间的相关程度。也就是说，一个新的智力测试应该与现有的智力测试是相关的。这本身是一个相当弱的效标，因为很可能旧测试和新测试彼此相关，但二者都不能测量智力水平。事实上，这一直是针对智力测试效度验证程序的主要批评之一，尤其是当后来的测试参照了之前的测试来定义智力的概念时，就会产生一种"自提"（bootstrap）

效应。尽管如此，共时效度依然是非常重要的，虽然单纯依赖共时效度是不够的。如果测量相同构念的新旧测试之间不相关，那么很可能出现了严重的错误。

结构效度

结构效度（construct validity）是心理测量学中与特质相关的测量方法所采用的最主要的效度形式。测试的对象通常是无法直接进行测量的，我们只能通过查看测试和理论预测的各种现象之间的关系来评估其是否有效。艾森克对其人格问卷的效度验证过程很好地说明了结构效度这一概念。该问卷测量的对象是外向性/内向性和神经质。对于艾森克而言，通过答题者在外向性维度上的得分与他们"真实"的外向程度之间的相关程度来验证该维度的效度是不可能的。毕竟，如果已经知道了个体真实的外向程度，那么就没有必要再进行测试了。因此艾森克提出，外向的人与内向的人有多种不同的行为方式。

他认为，外向的人中枢神经系统的唤醒程度较低，据此他推断，外向的人应该难以形成条件反射。该假设引发了一系列的实验来验证个体在条件反射方面的能力差异。例如，在眨眼条件反射实验中，条件刺激为通过耳机播放声音，非条件刺激为向眼睛吹气，外向的人形成对声音的眨眼反射比内向的人需要更多的时间。此外，艾森克还认为，外向的人对感官剥夺的容忍度更低，外向的人和内向的人大脑中兴奋和抑制之间的平衡也有所不同。为了验证这一观点，他开展了一系列的实验。艾森克还指出，外向的人和内向的人在脑电图（EEG）上存在差异。外向的人，其脑电图的唤醒程度较低，这一点也可以通过实验进行验证。最后，艾森克提出了一些可以模拟外向和内向行为的方法，例如，可以借助酒精来抑制大脑皮质的唤醒，从而使个体产生外向行为。综上，一整套相互关联的实验组成了针对"外向性"这一构念的效度验证过程。由此，艾森克得出结论，外向的人条件反射的建立较慢，对感官剥夺的容忍度较低，对抑制性的药物较不敏感，并且在其他各种心理生理和心理物理测试上均具有与内向的人不同的表现。艾森克认为，外向性具有一定的生物学基础，他声称这一理论是站得住脚的，因为它对以上所有这些发现提供了统一的解释。对结构效度的验证永无止境，与其相关的证据随着研究的增多而得以累积。

区分效度

结构效度不仅要求测试和与其相似的其他测试高度相关，还要求它不和与其不同的测试相关。因此，如果一套数学推理测试与数字推理能力有 0.6 的相关性，但却与阅读理解能力有 0.7 的相关性，那么该测试的效度就值得怀疑。测试与效标之间仅仅存在相关性是不够的，我们必须排除这种相关是由于某些更宽泛的潜在特征而产生的可能性。比如，在我们断言一个测试测量了某种特定形式的能力之前，我们需要判断它是否受到一般智力的影响。区分效度（differential validity）指的是测试与其预期构念之间的相关性（聚合效度，convergent validity）以及测试与其混淆构念之间的相关性（分歧效度，divergent validity）这两者之间的差异。一种经典的做法是，采用多质多法技术来评估区分效度，即采用三种或更多的方法来测量三种或更多的特质。例如，在人格测量中，可以用自我报告、投射技术和同伴评定等方法来测量外向性、情绪性和尽责性。测量同一人格特质的不同方法之间应该具有高度相关性，同时其他方面的相关性应该较低。

标准化

仅仅知道某人在测试中的原始分数并不能告诉我们任何信息，除非我们已知测试的标准化特征。举例来说，如果我们告诉一位答题者他的测试得分是 78 分，他可能会感到高兴；但是如果我们告诉他，其他所有参加测试的人得分都超过了 425 分，他的喜悦心情必将荡然无存。测试的标准化有常模参照和标准参照两种类型。标准参照测试的结果说明了具有特定分数或更高分数的人能够完成（或者无法完成）什么任务。常模参照测试则会将个体的分数与参加该测试的其他样本的分数进行比较。

常模参照

对测试进行常模参照，最简单的方法是将每个人的分数进行排序，然后找出当前答题者的排名顺序。例如，在 60 个人中，彼得排在第 30 位。在报告排序结果时，更常见的做法是根据样本量的大小，将其转换为百分位。那么，彼得的得分在 60 个人中排第 30 位，这一结果可以叙述为 50% 或 50 百分位。因为百分位分数是有次序的（定序数据），所以可以很容易地将其转换为易于解释的结构框架。50 百分位数称为中位数（相当于定序数据的均值）。25 百分位数和 75 百分位数分别称为第一四分位数和第三四分位数，而 10 百分位数、20

百分位数和 30 百分位数分别称为第一十分位数、第二十分位数和第三十分位数。这种报告常模参照数据的形式在某些职业测试中是很常见的。然而，这种方法的缺点在于它忽略了原始分数之间差异的实际大小，而这些信息在对数据进行排序时就已经丢失了。例如，如果对得分为 76 分、47 分、45 分的三名考生进行排名，他们的得分将转换为第一名、第二名和第三名，虽然第一名和第二名之间得分差异较大，而第二名和第三名之间得分差异较小，但是这种比较在排序数据中都将失去意义。相邻数字之间的距离是否具有意义，取决于数据所采用尺度的性质。

不同类型的测量

经典测量理论对三种类型的测量进行了区分，它们是名义测量、定序测量和等距测量。名义数据即分类数据。举例来说，英国的国家代码是 44，法国的国家代码是 33，这两个数字只是标签而已。我们可以在统计分析中使用这种分类数据，但是在解释结果时需要格外谨慎。对其进行加减乘除都没有任何意义。定序数据说明了排名的顺序，比如，一组面试官会根据应聘者是否符合工作岗位的要求而对其进行排序。10 名应聘者的排名从 1 到 10，这些数值之间的距离并没有任何特殊含义。1 ~ 4 号应聘者可能都非常符合岗位的要求，要分出先后十分困难，而 5 ~ 10 号应聘者则可能被认为能力低得多，基本上不在考虑之列。在等距数据中，分数之间差异的大小是有意义的。假设三名答题者在某个测试中的得分分别是 45 分、50 分和 60 分，我们可以说第一名和第二名之间的差距是第二名和第三名之间的两倍。只有等距数据才可以应用更为强大的参数模型进行分析。

描述一组数据的集中趋势和变异程度需要根据其测量类型做出改变。描述名义数据的集中趋势时采用的是众数，即出现次数最多的数据类别。描述定序数据的集中趋势应该采用中位数，有一半的分数在其之下，另一半在其之上。均值可以用于描述等距数据的集中趋势，用所有得分的总和除以得分的数量即可求得均值。如果数据服从正态分布，那么众数、中位数和均值这三种形式的集中趋势应该是同一个数值。倘若数据并非呈正态分布，那么这三个数值之间就会有所不同。以国民工资收入为例，其数据呈现偏态分布：大多数人群收入较低，只有一小部分人群收入很高。在这种类型的正偏态数据中，众数远低于均值，而中位数则在两者之间（这一现象经常被有政治偏见的评论员利用，他们会选择性地使用其中一个数值作为国民收入的"中心"来进行解读，并探讨对国家的影响）。描述三类测量的变异程度也会采用不同的参数，值域、四分位距和标准差分别适用于名义数据、定序数据和等距数据的变异程度测量。

对于不同测量水平的数据，适用的统计模型也会有所不同。适用于服从正态分布的等距数据的统计模型称为参数模型，而名义数据和定序数据只能使用非参数模型。传统的心理测量学家更倾向于使用强大的参数模型，以至于即使实质上更像名义或者定序的数据也被视为等距数据，或者被转换为近似等距数据。例如，题目正确或不正确的两种答案会产生两种数据类别："正确"或"错误"。但是，如果我们假设存在能力这一潜在特质，再做出其他一些假设，同时又有足够多的题目，那么就可以合理地将其视作等距数据。同样，在人格问卷中，如果题目的作答类别包括"从不""很少""有时""经常""总是"，那么这种定序数据也可以当作等距数据来处理。

等距数据

对于服从正态分布的等距数据，我们可以采用更为强大的参数统计方法对其进行分析和解读。但是首先，我们必须了解数据的分布情况。为此，我们要做的第一步是以直方图的形式描绘原始数据的频数分布。直方图可以简单地用矩形来展示排序后的分组数据。举例来说，如果我们有 100 个人的测试分数，满分为 100 分，那么我们可以创建 0～9、10～19、20～29 等区间直到 90～100，并统计出每个区间内的人数。然后以频数作为 Y 轴（纵轴），排序后的区间类别作为 X 轴（横轴），从而绘制出直方图。通过所得的频数直方图的形状，我们就可以知道数据是否呈正态分布。如果数据的确呈正态分布，那么进行常模参照就相对简单了。等距数据的中心是均值，可以通过所有分数之和除以分数的数量求得。仅仅知道均值，我们只能判定一个人的得分是高于还是低于均值，但更重要的问题是这个人的得分"高于或者低于均值多少"，而这将取决于数据的变异程度。假设一组分数的均值是 55，如果分数的值域较大，那么一个取得 60 分的人可能只是略高于均值；如果分数的值域较小，那么同样的分数则可能高于均值很多。在正态分布中用于描述变异程度的统计量为标准差，它量化了每个分数与均值之间差异的大小。个体的得分可能比均值高 1 个标准差、2 个标准差或者 1.7 个标准差，也可能比均值低若干个标准差。

由此可知，对于等距数据来说，常模参照标准化有两个要点：第一，需要选取合适的样本，从而获取有关人群测试分数的信息；第二，需要通过一系列规则将测试的原始数据第转化为服从正态分布的数据。在大多数情况下，测试分数会被用于统计分析，此时后者就变得尤为重要。参数统计检验、因素分析以及大部分高级统计方法都依赖于正态分布数据的获得。

如果施测后，我们已知的信息只有某一位答题者的分数，那么这个分数对于我们了解这个人是没有任何帮助的。例如，假设我们被告知伯纳德在外向性测试中取得了 23 分，那么这个分数是高还是低？如果想要对此做出解释，我们就需要知道 23 分代表了什么。常模参照信息可能会告诉我们一般人群的均值和标准差，根据这些额外信息，我们可以将伯纳德与其他人进行比较，从而了解他的外向程度。另外，我们也可以借助于标准参照信息进行判断，例如，测试手册可能会告诉我们，在外向性维度上，得到 22 分及以上的人通常会有如下表现：总是喜欢外出，或者难以静下心来安静地阅读。

诸如此类关于分数比较或者分数对应标准的信息必须在测试发布时公之于众。常模参照测试比标准参照测试应用更为普遍，很大程度上是因为对测试进行常模参照更容易实施，而且对许多测试来说，给出明确和具体的标准是极其困难的。为了获得常模参照测试的比较数据，必须指定一个与测试的目标人群相匹配的群体。例如，用于商学院入学选拔的商业潜力测试，必须基于商学院申请者这一群体进行标准化。如果该群体的潜在样本量很大，那么可以采用随机抽样或者分层随机抽样的方法抽取样本。如果想要了解一个国家所有成年人的信息，可以依据选民登记表进行随机抽样。用于比较的数据可以以原始分数的形式出现，例如，在艾森克人格问卷中，通过阅读测试手册我们得知，外向性测试的平均得分约为 12 分，标准差约为 4 分。据此我们可以计算得出，一个外向性得分为 22 分的人，其分数高于均值 2.5 个标准差。由于已知外向性分数在人群总体中是接近正态分布的，我们可以很快得出以下结论：只有不到 1% 的人会得到如此高的分数。有时，人群的常模数据会被划分为不同的群组，这通常能使对测试结果的解释更为精确。例如，在测评大学数学专业申请者的数学能力时，特定群组的常模就十分有用。此时我们感兴趣的是申请者之间相互比较的结果，而如果仅能获知他们所有人的数学能力在人群总体中都处于前 50%，那么这样的信息是没有什么实际意义的。

标准分数和标准化分数

在解释测试分数时可以将其转换为在一般人群中的百分比，这一形式通俗易懂，并且很好地反映了正态曲线的模式。比如，我们知道高于均值的人处于前 50%，高于均值一个标准差的人处于前 16%，而低于均值两个标准差的人处于后 2%，等等。从中我们可以发现，将个体的分数与常模进行比较的结果常常体现为其与均值之间相差了多少个标准差的距离。这个值称为标准分数或者 z 分数。在先前的例子中，伯纳德的外向性得分为 22 分，而我们已知外向性测试得分的均值为 12 分，标准差为 4 分，因此他的分数高于均值 2.5 个标准差。2.5 即为他的标准分数，这个值可以通过 z 分数公式 $z=$（原始分 − 均值）/ 标准差计算得出。上述例子中，$z=$（22-12）/4= 2.5。综上，获取人群总体数据并借此将原始分数转化为标准分数的过程称为测试标准化（见表 2.5）。

T 分数

标准分数，即测试中以标准差为单位的分数，通常介于 −3.0 和 +3.0 之间，其均值为 0。采用这种方式来呈现个体的分数并不太方便。例如，如果告诉一个小学生他的测试分数是 −1.3，那么他很可能对此无法接受。因此，有一些惯用的方法可以转换标准分数，从而使其更适合呈现。其中，最常见的是 T 分数、标准九分、标准十分以及智商分数。用 z 分数乘以 10 再加上 50，所得到的就是 T 分数。上述例子中的标准分数 −1.3 可以转换为（−1.3）×10+50=37，这个分数更为体面，易于被接受。这种形式的优点在于转换后的分数类似于传统的课堂分数，通常情况下均值约为 50 分，大部分分数在 20 分和 80 分之间。然而，与大多数课堂分数不同的是，这些分数具有很大的信息量。假设有个学生在数学课堂考试中得到了 70 分，除非我们知道评分标准，比如阅卷老师是否经常打高分，否则我们无法从这个分数中获得任何信息。但是，如果这是一个 T 分数，那么因为我们已经知道 T 分数的均值为 50 分、标准差为 10 分，那么很明显 70 分比均值高两个标准差，相当于 z 分数为 2 分，在测试中处于前 2% 的位置。

标准九分

标准九分把标准分数转换到一个 1 ～ 9 的尺度上，均值为 5，标准差为 2。这种标准化方法被广泛使用，原因在于 1 ～ 9 的分数类似于不超过 10 分的打分，非常直观，且具有很强的吸引力。标准九分不存在负数，也没有小数，如果出现小数，则会根据惯例四舍五入为最接近的整数。标准九分相较于 T 分数的优势在于，它具有适度的（不）精确性，不会产生误导。大多数测试的精确度有限。例如，T 分数 43 分相当于标准九分的 4 分，而 T 分数 41 分转换过来也是同样的分数。在人格测试中，41 分和 43 分之间的差异是如此之小而没有任何实际意义。但是若以 T 分数的形式表示出来，明显的分数差异会使人产生错误的印象。

标准十分

标准十分采用 1 ～ 10 的尺度进行标准化，其均值为 5.5，标准差为 2。与标准九分一样，标准十分也没有负数和小数。两者看起来非常相似，但却有一个重要的区别。在标准九分中，5 分代表了平均水平（四舍五入前为 4.5～5.5 这一范围，即从低于均值 0.25 个标准差到高于均值 0.25 个标准差）。而在标准十分中，并不存在平均水平；5 分代表低于平均水平，6 分则代表高于平均水平。

智商分数

智商分数这一形式源自斯坦福-比奈智力测试，该测试对智商分数最初的定义为智力年龄与生理年龄的商（这也是最初"智商"的定义），该定义现在已经转变为一种广泛使用的标准化格式。智商分数的转换基于 100 的均值和 15 的标准差。例如，标准分数 -1.3 转换为智商分数为（-1.3×15）+100=80.5（四舍五入为 80）。智商分数 130，即 100+（2×15），高于均值两个标准差，即只有不到 2% 的人能获得如此高或者更高的分数。

一些智商测试使用了不同的标准差，例如，卡特尔的智商量表标准差为 24 而不是 15。如今，心理测量学家们都在尽量避免使用智商形式的分数。智商分数已经成为一种被盲目信奉的指标，外推得出的极端分数几乎没有任何科学依据。例如，媒体新闻中经常出现 160 分的智商。160 分高于均值 4 个标准差，在一般人群中，10 万个人中只有 3 个人会获得如此高的分数。而得到这个分数依赖于一个约含 100 万个个体的常模样本。然而，测试的标准化样本通常都少于 1 000 人。即使是韦氏儿童智力量表，其标准化样本达到了 2 000 人，在每个年龄组中也只有少量的答题者。智商分数并不能准确地概括概率水平低于十万分之三的个体行为，智力作为一种单一维度的特质，其整体架构在这种极端情况下遭到了破坏。

正态化

所有这些标准化的方法（z 分数、T 分数、标准九分、标准十分以及智商分数）都假设一般人群的分数服从或者接近正态分布。对正态分布的预期通常并不是毫无根据的，并且在经典测试开发中，常见的做法是在进行项目分析时只挑选得分倾向于正态分布的题目。然而，有时测试分数的确会呈现出不同的分布情况（可能是正偏态或负偏态，抑或出现多个模式），此时就需要使用其他形式的标准化方法。有多种统计技术可用于正态性检验，其中最直接的方法或许就是将数据按照相等的间距分为若干组（比如，5 组左右），然后使用卡方拟合优度检验等方法对每组中分数的实际数量与服从正态分布的数据中每组应包含的分数数量进行比较。然而，正态性检验并不是特别有效，因此如果对结果不太确定的话，最好还是通过以下方法实现数据的正态化。

代数变换

代数变换是最为简单的正态化方法。如果分数的分布呈现正偏态，例如，大多数分数都处于量表的低分段，那么对每个分数取平方根通常会得到一组更接近正态分布的分数。对数值开方会对极端的较大数值产生更大的影响。因此，对于极端的正偏态分布，可以选择使用对数转换的方法。由于大多数统计检验都假设数据服从正态分布，因此，如果需要对数据进行统计分析的话，所有这些变换方法就尤为重要。

有人认为这种变换过程是不合常理的，无法全面反映数据的真实属性。然而，这种观点只是基于一种误解。在常模参照测试中，个体的数据只有在与其他人的分数进行比较时才有意义。即使在标准参照测试中，数据也很少能够达到等距数据的水平，而低于该水平的数据分布并没有什么意义。此外，数据的功能意义仅体现在它们所执行的统计任务（例如 t 检验、相关分析等）中，而这些任务通常要求数据服从正态分布。如果未变换的数据"更有意义"，我们仍然可以报告统计分析的结果，但需要注意的是，我们必须注明统计显著性检验采用的是变换后的数据。

百分位等价变换

对于某些数据样本，特别是存在多个模式的情况，总体的原始分数与正态分布的偏差过于复杂，简单的代数变换无法实现正态化。这种情况的处理方式通常为基于正态分布中每个百分位的预期标准差来进行标准化转换。

按照这种方式进行标准化时，我们首先需要对分数进行排序，然后找出排序后每个分数对应的累计百分位。例如，假设样本中有 100 名答题者，其中得分最高的两个人得分分别是 93 分和 87 分，93 分的累计百分位即为 99%，87 分为 98%，依此类推。对于不同大小的样本，这一过程会变得更复杂一些，但适当的缩放不会影响最终的效果。下一步，我们可以依据 z 分数和百分位数之间的已知关系来为每个原始分数找到与之相对应的标准分数，例如，z 分数 0 相当于 50% 累计百分位，z 分数 1 相当于 84% 累计百分位，z 分数 -1 相当于 16% 累计百分位，等等。在上述例子中，93 分的原始分数对应于 z 分数 2.33，87 分的原始分数对应于 z 分数 2.05。在此之后，我们还可以将其转换为其他形式的标准化分数（例如 T 分数）。

标准参照

尽管将个体的测试得分与常模进行比较可以提供有用的信息，但在很多情况下，这种比较是无关紧要的，此时更恰当的做法是根据某些外部标准来衡量答题者的测试表现。按照这种方式构建的测试称为标准参照测试，有些测试开发者也将其称为"内容参照测试"、"领域参照测试"或"目标参照测试"。与之相对的是常模参照测试，其主要特征为答题者的测试分数需要与所有的答题者进行比较。然而，过分强调常模参照测试与标准参照测试之间的区别，会产生一定的误导，因为事实上这两种测试之间存在很多共同点。

首先，所有的题目都必须与特定的标准有一定的关联。鉴于测试对于效度的要求，所有的题目都必须与测试本身的目的相关。这个目的一定取决于某个标准，因此不论是标准参照测试还是常模参照测试，标准参照都是测试效度的一个必备要素。事实上，极少会出现我们能够为一项任务制定严格单一标准的情况。在实践中，如果每个人都能正确回答测试中的所有题目，我们通常并不会对此感到高兴。这并非因为我们不想看到人们取得成功，而是因为当发生这种情况时，我们大概率根本不需要测试就能够预测到这样的结果。如果我们要耗费心力开发测试，我们自然希望从测试结果中得到一些有用的信息。然而，100% 的测试准确率只能告诉我们，测试很可能对当前的群体来说太容易了。如果申请同一职位的所有应聘者在测试中的表现同等优秀，那么我们肯定需要重新审视选拔标准。当然，在很多场合，我们只想了解某一个体是否能够完成某项特定的任务。这种情况与传统的心理测量并没有本质的区别，它只是其中的一个特例而已。

胜任力测试

20 世纪下半叶，人们普遍对心理测量学持怀疑态度，于是出现了一场宣扬胜任力测试的运动。其中有人认为，能力测试作为就业选拔的工具是完全无效的。他们所持的观点是，能力测试和学业成绩都不能有效地预测职业成就。这与当时反对考试的时代思潮是一致的，其影响至今仍然存在。这一观点的支持者还提出，这种测试在本质上对少数族裔是不公平的，能力测试和职业成就之间所发现的任何关系都不是真实存在的，只是社会阶层差异的结果。

基于标准参照的"胜任力"测试能比"更为传统的"常模参照测试更好地预测重要行为，这一观点逐渐流行起来。事实上，强调胜任力而不是能力这一点正是英国国家职业资格证书（NVQ）测评系统所依据的模型的核心。这种测评方法的极端支持者认为，传统心理测量中对信度和效度的要求不再适用于这类新型的测试。对他们而言，与传统测试相关的一切在思想方式上都值得怀疑。

然而，一旦我们摒弃这一观点，并坚持对两种类型的测试都采用同等严格的心理测量准则，很显然，胜任力测试和其他类型测试题目之间的区别就在很大程度上仅限于语义范畴，所谓的胜任力测试与传统测试并没有本质上的区别。在这两种情况下，采用常模参照还是标准参照自始至终都只是一个选择问题。

公平性

心理测量的第四条原则要求心理测试应尽可能公平，不受到偏差的影响。在心理测量学界，这通常被表述为测试的公平性。这种正面的描述方式与信度、效度、标准化等其他原则是一致的。如果采用负面的方式，将其描述为不存在偏差，这似乎有些不协调。在一个公平的社会，测试的公平性不仅仅是一种理想状态，因为在许多国家，这还是一个法律问题。然而，我们应该区分公平和偏差这两个概念。没有偏差的选拔程序仍然可能被候选人认为是不公平的。此外，测试中还可能存在隐藏的偏差而不被察觉，无论是候选人还是社会大众都不会认为结果是不公平的。

不同于主观感受到的不公平，偏差的出现几乎总是涉及族群属性问题。事实上，如果测试过程对一群可以以某种方式进行定义的个体不公平，我们就可以认为测试中存在偏差。主要的测试偏差涉及种族和性别、小语种、宗教和文化差异以及残疾，不过，在特定的场合，其他类别也很重要，例如教育水平、身高、年龄、性取向、外表吸引力等。

当然，重要的是，所有的测试不仅本身应当是公平的，在使用时也要被认为是公平的。然而，公平这个概念，只有从更广泛的社会和心理角度来看才有意义。从个体的角度来看，当基于测试结果对个体做出错误的决定时，这就是不公平的。然而，错误的决定时有发生，特别是当个体的分数刚好接近临界值的时候更是如此。举例来说，假设考生需要得到 A 等成绩才能入读大学课程，而考官规定 A 等成绩相当于测试 80 分。如果有一个考生只取得了 79 分，那么从统计学上看，有很大的可能是测量的误差造成了分数的错误。从考官的角度来看，他们会着眼于全局，最理想的情况是将错误控制在最低限度。但是考虑到入读大学课程的名额有限，同时还缺乏对于学业成功因素的明确了解，想要在临界值附近实现高度精确的测量这一想法是不现实的。然而，对落榜的学生来说，这种观点是难以接受的。面对这一问题我们可以发现，社会中存在着一系列关于类似场合下什么是公平、什么是不公平的惯例，这些惯例具有很强的参考意义，因为它们通常不同于统计学家所持的偏见的概念。

　　例如，可以设想这样一种情况，在考试前一天的晚上，班上一半的学生自愿参加了一个热闹的派对。假设所有这些参加了派对的学生的考试得分比其他学生平均低 5 分，那么从统计学的角度来说，这些学生的分数受到了统计偏差的影响。对这种偏差进行调整非常容易，比如可以给每个参加了派对的学生加上 5 分。很明显，虽然这种做法在统计学上可能会更好地估计学生的真实水平，但是要让其他考生或者社会大众接受这一做法是极不可能的，甚至那些参加了派对的学生也会对此感到有些不适。

　　在考生眼中，什么是公平的，对此有一套约定俗成的惯例。假设有一个考生，他复习了一套可能会在考试中出现的题目，但是最终这些题目并没有在考试中出现，那么即使他取得了低分，也只会将其归咎于运气不好，而不是不公平，虽然后者也是一个可能的理由。这些惯例背后的思想方式非常复杂，对此，考试委员会以及有关雇主们应该深有体会，因为他们需要在不违反公平的前提下为患有阅读障碍的考生提供特殊待遇。在过去，只要凭借由具有资质的专业人士开具的医学诊断证明，就可以获得针对阅读障碍患者的特殊待遇。如今，机会平等方面的法律要求，不论考生是否能够提供证明材料，都必须认真对待其有关阅读障碍的诉求。对猜测的校正也有一些惯常的方法。这些方法通常应用于由判断题组成的测试中，即学生需要判断题目中的陈述是"正确"的还是"错误"的。在此类题目中，学生有 50% 的概率能猜到正确答案。举例来说，如果有 100 道题目，那么一个什么都不懂、完全依靠猜测答题的学生，其预期分数为 50 分。为了降低猜测的影响，其中一种方法是选用单项选择题来替代判断正误的作答形式；但即便如此，猜测造成的假象也依然存在。若每个单项选择题有 5 个备选答案，凭借猜测，学生对每道题目仍有 20% 的机会猜对答案，也就是说，在有 100 道题的测试中，学生至少应取得 20 分。为了解决这个问题，可以采用猜测校正的方法。学术文献中介绍了若干校正公式，其中最为常见的是：

$$C = R - (W / (N - 1))$$

式中，C 是校正后的分数，R 是正确作答的数量，W 是不正确（错误）作答的数量，N 为选项的个数。在正误判断题中，选项个数为 2，因此该公式可以简化为正确作答的数量减去错误作答的数量。尽管逻辑上没有任何问题，但是这种校正方法并不太受欢迎。许多时候，猜测并不是随机的，而是在受到启发后做出的决定，因此，猜测有更大的概率会给出正确的答案，而上述公式却没有考虑到这一点。此外，人们通常认为，猜对答案不仅仅是运气好，尤其对于儿童来说，如果依据这个公式减去他们猜对答案的分数，那么他们肯定不会开心。从他们的角度来看，如果能够猜到正确答案，就理应获得相应的分数。

在任何地方，只要人们被按照族群进行划分，就有可能存在偏差。然而，各国处理不同偏差的优先顺序各不相同。大多数国家都规定，要求在选拔过程中不应存有种族偏见，仅根据个体的种族特征进行选拔是违法的。例如，英国和美国的部分州就在平等法案中制定了在就业环境中针对招聘和晋升的种族歧视相关条款，同时也禁止了大多数不当使用心理测试导致的性别歧视情况。依据这些法律规定，直接的和间接的歧视（即使不存在公开的歧视，但是如果获得工作或者升迁的机会取决于某个必要条件，而有的群体比其他群体更有可能满足该条件，那么就形成了间接歧视）都是违法的。相关的法案还涉及残疾、年龄和其他方面产生的歧视。除了这些法律法规，许多国家还设立了法定机构来全面监督有关的政策。它们的工作包括为有关个案提供支持、调查涉嫌歧视的雇主，并向大众提供规范指南。

所有这些法律法规都对心理测试的使用产生了深刻的影响。在美国，许多早期的测试已无法满足宪法以及法院判例对公平性的严格要求。事实上，许多智力测试，包括早期的斯坦福-比奈智力测试和韦氏儿童智力量表（WISC），在20世纪都被美国的许多州取缔了。自此之后，测试在开发过程中愈发系统地消除偏差，而新版本的测试，包括第四版和第五版的韦氏儿童智力量表，都采取了严格的手段来确保使用的公平性。从传统上说，测试的偏差主要分为三类：题目偏差，现在通常称为项目功能差异（DIF）；内源性测试偏差，现在通常称为不满足测量不变性；外源性测试偏差，现在通常称为负面影响。

偏差是否存在，从来都不是一个"是"或"否"的问题，因为当样本量足够大时，群体之间必定会存在一定程度的差异。因此，更为重要的问题是，多大的差异是可以接受的。对于以选拔为目的的测试来说，这一点尤为重要。完全不进行选拔是不现实的，所以问题并不是这个测试是否具有偏差，而是与其他形式的选拔相比，这个测试的偏差有多大。因此，当前的重点已经从对统计显著性本身的验证转向了对效应量的分析和估计。需要注意的是，对于教育测评中那种数量巨大的样本，由于统计功效太高，因此总会检测到某种程度的偏差。这似乎违反了法律对于测试"无偏差"的要求。显然，我们只能证明测试在一定程度上"无偏差"。偏差无法彻底消除，但是当其低于特定程度时，可以忽略不计。

类似的问题也影响着医疗、教育、特殊需求诊断情境中使用的测试，以及商业领域的招聘测试等。

项目功能差异

题目偏差，即项目功能差异（differential item functioning, DIF）是最直接的偏差形式，因为它易于识别，所以也很容易校正。它指的是在构成测试的各个题目中出现的偏差。例如，在美国编制的题目使用美元和美分作为货币单位，这种题目就不适合在其他国家使用。语言形式的题目偏差最为常见，尤其是当题目涉及俗语的时候。即使是英语这种多样化且广泛使用的语言，俗语也是一个难点。如果一个人学习的是国际学术英语而不是地道英语，那么他可能在工作环境中能流畅地使用英语，但是在面对那些由以英语为母语的人编制的题目时仍会感到吃力。同样，某些方言由于使用不同的语法结构，比如双重否定，也会导致偏差。在大多数语言中，双重否定表示强调；而在标准英语中，双重否定相互抵消，因此表示肯定。像"I ain't got no time for breakfast"（我没有时间吃早饭）这样的表述在语法上模棱两可，只有结合上下文的信息才可以解读。此外，在许多非语言形式的模式识别测试中会使用隐蔽图形测试题目，这类题目对于那些使用表意文字（例如中文）的人更为友好，因为这种书面语言使他们更为熟悉表意的字符。

与题目偏差有关的一个问题是题目是否具有冒犯性。这是两个不同的概念，因为许多具有冒犯性的题目可能没有偏差，且许多有偏差的题目也可能不具有冒犯性。一个知名的例子是1938年公布的斯坦福-比奈智力测试中的一道题目，儿童被要求说出两张图片中的女孩或男孩哪个丑、哪个好看。具有冒犯性的题目可能会对答题者在后续题目上的表现产生影响。抛开这一点不说，仅仅出于礼貌，也不应该采用具有冒犯性的题目。那些亵渎性的、具有性暗示的题目都应避免使用。涉嫌种族歧视和性别歧视的题目通常都是违法的，而且大家应该记住，即使题目本身没有偏见，使用那些会使人注意到偏见的材料也是不妥的。典型的例子是，在英语文学考试中使用狄更斯反犹太主义的段落，或者莎士比亚涉嫌种族主义的选段。对刻板印象的使用，例如在传统的男性和女性角色中使用男人和女人，表达对于何谓"正常"的看法，也应避免。

测量不变性

内源性测试偏差，即不满足测试不变性或测量不变性，指的是测试本身的特征导致两个群组在测试均值上产生了差异。这一差异可能独立于或附加于两个群组在被测量的特征或功能上的真实差异。不满足测量不变性的原因可能是测试在两个群组间具有不同的信度或者效度，例如，两组人群的同一特质在测量中所占的比重不同，或者在某一组人群的测量中涉及额外的特质，或者在每一组人群的测量中都涉及独有的特质，抑或测试在两组人群中测量了完全不同的特质。举例来说，如果用英语测试两组人群的常识，其中一组是英语母语使用者，另一组是以英语为第二语言的学习者，那么对第一组来说，测试测量的是常识，但对第二组来说，他们的英语水平将会严重影响到他们的测试结果。这两组人群的测试效度因此便产生了差异。差异性的内容效度通常是造成不满足测量不变性的主要原因。为匹配来自某一特定群体的成功求职者的特质而构建的测试，当应用于另一个群体时，其效度可能会大打折扣，导致他们获得较低的测试分数。这是因为有利于第二组人群的题目根本没有被测试收入其中。

降低内源性测试偏差影响的一种方法是为不同的群体设置不同的临界分数。通常的做法是对处于不利地位的群体设置较低的及格分数，这一方法被统称为"积极歧视"。然而，这一方法在过去几十年备受争议，特别是在美国，根据其宪法，如果设置大学录取要求时采用这一方法，经常被判为违法。在英国，根据 2010 年平等法案的规定，这一方法亦是违法的，因为它违反了人人平等的原则。针对以上种种，许多心理测量学家试图对有关参数进行统计建模，但是他们通常都没有继续下去，因为人们逐渐意识到，在现实世界中大多数群体层面进行的差异性选拔，其原因在于社会差异，而并非测试本身在心理测量上的不足。正是出于这个原因，积极歧视计划在很大程度上已经被取代，而新的系统按照比例设置代表性配额，以消除不平等因素带来的负面影响。

负面影响

无论测试是否满足测量不变性，只要在测试之后做出的决定导致了不平等的发生，我们就认为测试产生了负面影响。以下情景中就出现了负面影响：两组不同的人群由于真实的组间差异而在测试中取得了不同的分数。例如，生活在城市中贫困地区的移民家庭的儿童，由于当地学校教学质量较差，很难取得优秀的学业成绩并达到大学入学的要求，从而无法获得理想的工作。如果这一地区的几代人都遭遇贫困，儿童因为缺乏家长的支持而错过发展的机遇，就很容易形成贫困的恶性循环。

大多数社会都通过立法来保障那些在重点就业岗位上代表性不足或失业率高的群体。这些群体被指定为"受保护特征"群体。在美国，这些特征包括种族、性别、年龄（40 岁及以上）、宗教、残疾以及退伍军人。在英国，除此之外还包括婚姻和民事伴侣关系、孕期和哺乳期、信仰、性取向及变性等。这类歧视可以是直接的（大体相当于蓄意的）或者是间接的，即由一些偶然的原因造成的。间接歧视的原因复杂多样，常常难以确定。这种歧视的证据通常是模糊不清的，因此只能用一个极简的规则来判定，即观察逆向选拔比例是否满足五分之四规则。意思是，当任何受保护群体的选拔率低于具有最高选拔率群体的 80%（即五分之四）时，就会被认为涉嫌歧视。

鉴于此类违规现象的发生，美国平等就业机会委员会针对容易造成负面影响的选拔机构发布了指导方针。该指导方针提出，肯定性行动方案（即优惠性差别待遇）一般不应强调种族，而应关注父母的教育水平、同龄人的相对教育水平、考试水平、教育质量以及是否具有补偿办法。此外，该方针还建议重新制定工作规范、引入特定的培训方案，并通过改变宣传策略来平衡各类申请人的数量。

小结

在测试编制完成以后，有必要对其一般属性进行说明，并确保测试易于使用。首先，必须清晰准确地报告测试的信度，以便未来的测试使用者在自己使用测试时能够预估可能出现的误差大小。其次，应该针对尽可能广泛的应用领域提供测试的效度数据。再次，必须提供关于一般人群以及值得关注的子群体的常模数据。还应提供有关信息说明如何对数据进行正态化处理，以及如何将其转换为一种常见的形式，以便对不同研究的结果进行比较。最后，测试应尽可能避免不同类型偏差的影响，包括项目功能差异、不满足测量不变性以及负面影响等。其中，项目功能差异最易于直接校正，尤其是最近在应用高级统计建模技术方面取得的进展使项目功能差异的校正变得更为简单。心理测量学家和政策制定者都对测量不变性这一问题给予了广泛的关注，如今，在美国使用的所有测试都必须提供证据确认满足测量不变性。针对负面影响这一问题，心理测量学家和政策制定者达成了更为紧密的合作。从中我们也认识到，思想方式问题对心理测量学的理论基础具有根本性的重要意义。在许多国家，心理测量学和流行的人权概念二者之间的政治联系通过立法和个案层面的法律架构不断发展。

第4章　心理测量的原理

在 19 世纪早期，有一位物理学家叫作威廉·汤姆森（William Thomson），也被称为开尔文勋爵，他是绝对温度开尔文标尺的创始人，在人类历史上第一次准确地测量了绝对零度。汤姆森认为："存在于世界上的任何东西都以一定的数量而存在，因此可以被测量。"（Thomson，1891）19 世纪末，在汤姆森的老年时期，他又提出了另一个观点："现在在物理学界已经很难再有新的发现，我们能做的只是追求更为精准的测量。"当然，在量子理论问世之后，我们现在知道他的这个观点是错误的。但是，没有人能够否认更为精准的测量在科学进步中发挥了关键的作用。例如，对光速或者时间本身的测量就很好地证明了这一点。那么，在心理测量这个领域也是如此吗？

在这一章中，我们将探讨心理测量领域几个核心的数学概念，这些概念来自以下几个方面：

1. 真分数理论，该理论最初被用于解释在评定学业等级时考官之间的分歧；

2. 因素分析；

3. 向量代数，这是一项数学技术，旨在理解如重力这种同时涉及力和方向两个参数的物理系统；

4. 实用心理测量、黑匣子以及可解释性。

尽管心理测量学在 20 世纪取得了巨大的进步，但是依旧有很多的批评者。最初，几乎所有的批评者都在意识形态上反对在学校进行测试。而其他人则是受到了实用性"黑匣子"这一方法论的影响。有趣的是，如今这种方法反而在机器学习中备受青睐。诸如标准参照测验和预测分析等替代性的解决方案也对心理测量产生了重要的影响。现代心理测量学正是综合了所有这些观念、倾向和方法发展而来。

真分数理论

真分数理论最初试图在考试评分中引入更加科学严谨的方法。评分者之间经常会出现意见不一致的情况，他们也并不清楚自己所给出的分数究竟意味着什么。这些分数是衡量什么的标准呢？1888 年，弗朗西斯·伊西德罗·埃奇沃思（Francis Ysidro Edgeworth）认为自己找到了答案。每个考官都希望用一个分数来代表考生的"真实分数"，然而这些分数所代表的程度各不相同。他写道：“如果我们把不同考官给出的分数用图表的形式表现出来，那么这些分数的分布通常会看起来像一个宪兵帽子的形状。我认为我们可以将这些不同水平的考官给出的分数的平均值当作真实的得分，而将与均值的偏差认为是误差，这一点是非常容易理解的。这个中心数字来自（或者说应来自）人数最多的某一水平的考官的打分，这个分数应该被视为真实值，这一点就像取几个不同测量值的平均值来确定一个物体的真实重量一样。”

这是目前被称为真分数理论的第一个已知定义，该理论后来被称为潜在特质理论。潜在特质理论是经典测量理论的基础，它将答题者在一个题目或者一个测验上的分数简单地分为两个部分，即答题者在该题目或测验上的真实分数和测量误差。通常以如下方式来表示：

$$X = T + E$$

式中，X 代表观测分数，T 代表真分数，而 E 代表误差。如果对于某个测验，我们只知道一位答题者获得了 X 分，那么我们其实一无所知，因为在这种情况下，误差和真分数是无法区分的。比如，如果 X 是 5，那么可能的情况是 $T =$ 3，$E = 2$，同样也可能是 $T = 110$，$E = -105$。因此，观测分数本身是没有任何用处的，我们感兴趣的是真分数 T，我们需要额外的数据来估计它；要做到这一点，首先我们需要对误差 E 的预期大小有所了解。换句话说，我们无法知道一个分数有多准确，除非我们知道它可能有多不准确。

真分数理论通过各种技术来估计误差的大小。这通常是通过重复测量来完成的，要么是从同一个答题者那里获得多个分数，要么是获得多个不同的答题者。想要从这些数据中成功地估计真分数，就必须满足三个假设。

首先，假设所有与观测值 X 相关的误差 E 都是随机的，并且呈正态分布。例如，在评分考试的背景下，假设评分者在给出分数（或观测分数）时随机地高估或低估了真分数 T，这意味着它们的误差 E 是随机的。此外，评分者在评分时更有可能产生较小的误差，而不是较大的误差，换句话说，他们的误差呈均值为 0 的正态分布。相同的假设也适用于抛硬币，人们认为一枚普通的硬币在每次抛出时正面或反面落地的概率相等。硬币几乎不可能每次都以同样的方式落地，更可能的情况是大约一半的次数落地时是正面的，一半的次数落地时是背面的。正态曲线本身就是从这个随机误差理论也就是概率论中衍生出来的。

其次，假设真分数与误差无关。也就是说，不管观测到的是较高分数、中等分数还是较低分数，误差的分布都大致相同。这一假设可能会存在较大的问题，比如在考试评分的时候，因为这种假设在某些情况下是不成立的，例如，由于测验太容易或太难，一个样本中出现了太多的人得到非常高或非常低的分数。但这些偏差都可以通过原始数据的各种代数变换来进行调整（至少在原则上是可以调整的）。

最后，假设来自同一答题者的观测分数 X 在统计学上是彼此独立的。举例来说，在为考试评分时，如果第二个考官在给出自己的分数之前已经看到了第一个考官的分数，那么这两个分数在统计学上就不是独立的。

如果真分数理论的三个假设成立，那么一系列非常简单的方程式就摆在我们面前了。首先，我们可以从统计学上将真分数 T 定义为来自同一个人的大量观测分数 X 的平均值。随着观测分数的数量趋于无穷大，随机误差 E 相互抵消，就会为我们带来一个真分数的精准度量。当然，由于答题者的疲劳和练习效应等原因，不可能在不改变测量过程本身的情况下，要求同一个答题者进行多次测量，更不要提无限多次的测量。但是，从统计学定义的角度来看，这并不重要，因为统计学定义认为，在这种情况下获得的就是真分数。其次，根据真分数理论及其假设，我们能够推导出误差的大小，从而了解测验的准确性。

虽然真分数理论受到了广泛的批评，人们也做出了许多尝试对它进行改进，但是这些替代方案通常都很复杂，而且有自己的缺陷。在 20 世纪的大部分时间里，真分数理论一直都是心理测量学的支柱。虽然真分数理论的假设永远不可能完全实现，但在大多数情况下，它们已经是足够好的近似值，也经受住了时间的考验。

基于因素分析法识别潜在特质

真分数理论提出可以通过增加可用于估计真分数的信息量来获得更高的准确性，无论这些信息是来自更多的考官、更多的答题者，还是更多的题目。在有多道题目测验中，每道题目之所以存在，是因为它们被认为与同一潜在特质有关，从而提供了关于这一潜在特质真分数的信息。经典测验的真分数是每道题目的真分数之和。但对每道被勾选的题目而言，都会存在一定程度的误差，也许还包含一些能够将其与其他题目区别开来的特殊之处。正是这种观点促使查尔斯·斯皮尔曼（Charles Spearman）在 1905 年开创了因素分析这一方法。

斯皮尔曼双因素理论

斯皮尔曼致力于解决如何解释相关矩阵的结构一致性问题。例如，面对由各种智力子测验（语言、数字等）之间的相关性组成的相关矩阵时，他认为可以合并这些子测验产生一个智力测验的总分，他称之为"一般智力"或"g"。每个子测验都与其他所有子测验相关，因此可能涉及非常多的相关系数。比如，仅仅 5 个子测验就有 10 个相关系数（4+3+2+1）；如果有 20 个子测验，那么就会有 180 个相关系数（19 + 18 + 17 + … +1）。这可以通过矩阵的形式呈现出来（见表 4.1），其中行和列表示子测验，单元格表示该行子测验和该列子测验之间的相关性。这种矩阵可以包含不同测验的分数、不同子测验的分数，甚至是各个题目的分数。

表4.1 包含五个子测验（a、b、c、d和e）的相关矩阵

	（"g"）	a	b	c	d	e
（"g"）	(1.0)	(0.9)	(0.8)	(0.7)	(0.6)	(0.5)
a	(0.9)	(0.81)	0.72	0.63	0.54	0.45
b	(0.8)	0.72	(0.64)	0.56	0.48	0.40
c	(0.7)	0.63	0.56	(0.49)	0.42	0.35
d	(0.6)	0.54	0.48	0.42	(0.36)	0.30
e	(0.5)	0.45	0.40	0.35	0.30	(0.45)

表 4.1 中给出的例子展示了斯皮尔曼的方法。我们暂时忽略所有括号中的数字。首先，他将所有变量按照其所谓的等级顺序排列，即与其他变量相关性最高的变量放在左边，相关性最低的变量放在右边。然后，他留意到变量之间存在一种代数模式。他指出，子测验 a 和 b 之间的相关性与子测验 c 和 d 之间的相关性的乘积，通常等于子测验 a 和 c 之间的相关性与子测验 b 和 d 之间的相关性的乘积：

$$r_{ab} \times r_{cd} \approx r_{ac} \times r_{bd}$$

此外，他还观察到，这可以扩展到所有包含四个子测验的测验集（四分体）。例如：

$$r_{bc} \times r_{de} \approx r_{be} \times r_{cd}$$

$$r_{ac} \times r_{be} \approx r_{ae} \times r_{bc}$$

等等。他测试了这个规则在多大程度上可以由"四元相关系数交乘差"（tetrad difference）来解释。如果四分体的四个角为 A、B、C 和 D，那么四元相关系数交乘差被定义为：

AD-BC

因此，在表 4.1 中，四元相关系数交乘差是：

$$0.72 \times 0.42 - 0.63 \times 0.48 = 0 \qquad 0.56 \times 0.30 - 0.42 \times 0.40 = 0$$
$$0.63 \times 0.40 - 0.56 \times 0.45 = 0$$

斯皮尔曼指出，只要满足以下条件，这种关系模式就会成立：a、b、c、d 和 e 是智力子测验，每个子测验都代表两个要素的组合，即每个子测验都包含一定程度的一般智力（"g"）以及独一无二的特殊智力。因此，如果子测验 a 是算术测验，那么子测验 a 的成分应该是"g"和特定的算术能力。如果子测验 b 测量的是语言能力，那么这个子测验将由"g"和特定的语言智力组成。他认为，在所有的子测验中共同存在的"g"导致了这种相关性。他称之为双因素理论，因为每个子测验都由两个元素组成："g"和该子测验的特定内容。每个子测验只包含两个因素的分数。一般因素是所有子测验所共有的，而特殊因素对于每个子测验来说都是独特的。

斯皮尔曼将表 4.1 中的括号部分放到四元相关系数交乘差的计算中，借此开发了第一项因素分析的技术。例如，如果 *x* 是表 4.1 中列 a 和行 a 交叉处的未知值，那么从四元相关系数交乘差的公式中可知：

$$x \times r_{bc} \approx r_{ab} \times r_{ac}$$

也就是：

$$x \times 0.56 \approx 0.63 \times 0.72$$

因此：

$$x \approx 0.81$$

他把这个值称为"g"在 a 上的饱和度，并推导出这个值的平方根等于 a 与一般智力"g"的相关系数。因此，在表 4.1 中，"g"栏的数字代表了五个子测验在一般智力上的因素载荷。我们可以看到子测验 a 是高度饱和的，而子测验 e 则不然。

当然，表 4.1 中只是一个人为的例子。实际上，算术永远不会这么简单，而四元相关系数交乘差也永远不会精确到零。然而，我们可以计算这些差值，找到每个饱和度估计值的平均值，并用它来估计"g"上的因素载荷。斯皮尔曼在这个过程中更进一步，为了证明双因素理论是正确的，他用载荷来估计每个相关系数的值。通过与真实的相关系数进行比较，就可以确认其理论的拟合优度。他还从期望值中减去观察到的相关系数，再次对残差进行处理，从而提取出第二个因素。实际上，如果某些特殊智力对相应子测验来说并不是独一无二的，就可能会出现这种情况。斯皮尔曼的洞察力非常出色，数十年后，统计学家才在统计学上证明他的理论，追赶上他的直觉。

向量代数和因素旋转

　　斯皮尔曼仅用数字就实现了他的因素分析技术。然而，当涉及更多的因素时，就很难实现可视化了。使用图形技术来表示数据可以增进我们的理解。这些技术可以生成视觉化的表征，对心理测量学的发展产生了重大影响。

　　将变量之间的关系可视化使心理测量问题更容易概念化。从心理物理学的多维尺度分析到社会心理学和临床心理学对汇编栅格的解释，心理学中一次又一次地涌现出使用图形来表示概念的方法。从根本上说，它们都是基于向量代数所提供的模型，在这个模型中，可以用力和方向两个值来表征任一变量。在因素分析模型中，变量由向量的力元素表示，且保持恒定值为 1，而两个变量之间的夹角表示它们之间的相关系数，即这个夹角的余弦等于相关系数。因此，假设变量 a 和 b 之间的相关系数为 0.50（如图 4.1 所示），它们可以由两条等长的线段 oa 和 ob 表示，它们之间的夹角余弦为 0.50，即 60°。同样，0.71 的相关系数可以用余弦为 0.71（45°）的角来表示。

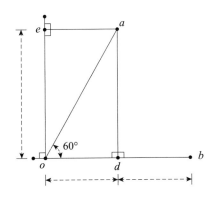

图4.1　相关系数的空间表征

注：相关系数为 0.50 的两个变量可以用两条长度相等、夹角余弦为 0.50（60°）的线段表示。

相关性的这种视觉表征有许多有用的特性。在图 4.1 中，我们可以看到其中一个向量 ob 是水平绘制的，而在它上方的另一个向量 oa 是以 aob 的角度（60°）绘制的。现在我们从 a 点作 ob 的垂线 ad，交点为 d。假设 ob 和 oa 的长度都是 1，那么 od 的长度就等于向量夹角的余弦，也就是相关系数本身。同样，我们在图中画出了与 ob 成直角的竖直的 oe，并投射到了水平的 ae 上。根据毕达哥拉斯定理，已知 oa 的长度是 1，那么 $od^2+oe^2=1$。这就是统计公式 $r^2+(1-r)^2=1$ 的图形表征，由此我们可以利用相关系数来分解方差。举例来说，假设年龄与阅读能力的测量值之间的相关系数为 0.50，那么我们可以认为阅读能力方差的 0.50^2，即 0.25 或者 25% 是由年龄决定的。也就是说，阅读能力 75% 的方差不是由年龄决定的。图中用图形表示了这一关系：oa 和 ob 之间的夹角（60°）余弦为 0.50，因此两者之间的距离 od 为 0.5。距离 oe 是多少呢？它的平方是 0.75（根据毕达哥拉斯定理，1-0.25），因此 oe 的长度是它的平方根，也就是 0.87。这个数字代表了一个相关系数，即阅读能力和某一个假设性的变量之间的相关性，因为在原始数据中并没有给出这个向量 oe。不过，我们可以给这个变量起个名字，这个变量本身是一个潜在特质，我们可以称之为"与年龄无关的阅读能力"。这个数值可以通过偏相关分析来进行估计，并在实验情境下用于消除年龄效应的影响。对相关系数进行图形表征时，有两种特殊情况：如果 r=0，则变量之间是不相关的。oa 与 ob 的夹角为 90°，90° 的余弦为 0。因此，每个变量都由它们各自独立的空间维度来表示，它们被称为是正交的。如果 r=1，那么 oa 和 ob 之间的夹角是 0（0° 的余弦为 1），它们合并成一个向量。因此，这两个变量在图形上和统计上都是相同的，是对同一个潜在特质的测量。

在这个非常简单的概念中，我们可以证明因素分析的一个基本思想：虽然 oa 和 ob 两条线段代表真实的变量，但是在同一个空间中可以存在无限个隐藏变量，这些变量可以由从 o 向任何方向画的线段表示。隐藏变量 oe 代表潜在变量，也就是 oa 中独立于 ob 的部分。这个模型有许多应用示例。例如，如果 oa 代表体重，而 ob 代表身高，那么 oe 就是体重变化中与身高无关的那一部分。所以，它可以用于测量肥胖，但并不是直接测量，而是通过测量体重和身高并应用适当的算法计算出来。与心理测量有关的另一个示例是，可以将 ob 作为心理测验的分数，将 oa 作为该测验的效标。因此，oa 与 ob 之间的角度代表了 a（测验分数）与 b（测验标准）之间的相关系数，也就是效度，而 oe 则代表了测验标准中无法被该测验测量的部分。

多维情况

一张平面的纸具有两个维度，在上面可以准确地表示任意一个图形中最多两个完全独立的变化源。想要将这个模型扩展到因素分析中，我们需要设想的就不是一个相关系数了，而是一个相关矩阵，其中每个变量各由一条从共同原点出发的单位长度的线段表示，变量之间的相关由线段之间的角度表示。我们首先考虑一种简单的情况，有三个变量 x、y 和 z（见图 4.2）以及它们之间的三个相关系数。如果 ox 和 oy 之间的角度是 30°，oy 和 oz 之间的角度是 30°，ox 和 oz 之间的角度是 60°，那么在纸上是很容易画出这种情况的。从图中可以看出 x 和 y 之间、y 和 z 之间的相关性为 0.87（30° 的余弦），x 和 z 之间的相关性为 0.5（60° 的余弦）。

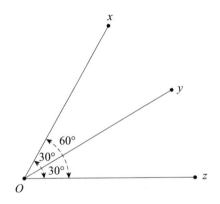

图4.2　三个变量间相关性的图形表征

注：图中所表示的变量是 x、y 和 z，其中 x 和 y 之间以及 y 和 z 之间的相关系数是 0.87（30° 的余弦），x 和 z 之间的相关系数是 0.50（60° 的余弦）。

然而，如果 ox、oy 和 oz 之间的角度都是 30°，就不可能用二维图形来表示了。我们需要设想一条投射到第三维空间的线段来表示这样的一个矩阵。对于三个以上的变量，可能需要与变量同等数量的维度来"绘制"完整的矩阵，也可能进行一些简化。因素分析旨在找到能够全面描述矩阵中全部数据所需的最小维数。有时矩阵可以简化为一维，有时是二维、三维、四维、五维等。当然，在任何测量中总会有一定误差，所以这种降维总有一个程度的问题。不过，所使用的模型将寻求能够描述尽可能多的方差的解决方案，并假设其余所有的方差都来自误差。

1931 年，路易斯·列昂·瑟斯顿（Louis Leon Thurstone）开发了一种因素分析的技术，这种技术依赖于以上所描述的向量模型。他通过向量加法提取了第一个因素，这种方法实际上与寻找重心（向量代数的另一项应用）的过程相同，因此被称为重心法。重心是一个潜在变量，它的一个特性是它所描述的方差比通过多维空间绘制的其他任何维度都要多。我们可以将所有观测变量投影到这个向量的数据的平方相加，借此来计算方差的大小。而这个值的平方根称为该因素的特征根，我们将在本章后面的部分对其进行更详细的讨论。当描述第一个因素的位置时，我们可以说明它与每个观测变量之间的相关性，即各个夹角的函数。重心法中的第一个因素描述了一个基本的固定维度，当我们确定了它的位置后，就可以从多维空间中对它进行抽取，而此后的其他因素就只能在与其成直角的区域中进行搜寻。直角 90° 的余弦值是 0，因此，相互垂直的线段所表示的因素是独立的且互不相关的。正是由于这个原因，因素有时候会被称为维度，因为它们象征性地表现为空间的维度。一维尺度只需要一个因素就可以描述。如果存在更多的因素，那么一维尺度将不足以充分地描述数据，因此需要更多连续的维度来进行描述。

多维尺度分析

　　因素分析与多维尺度分析有许多相似之处。多维尺度分析最初在心理物理学家中很受欢迎，因为这种方法在定义心理物理学变量时尤为有用。例如，视网膜上只有三种颜色感受器，这一想法就来源于这一技术，因为人们发现只需要三个颜色维度就可以描述所有的颜色。多维尺度还为并行分布式处理机器中隐藏值的行为提供了一个有用的模型（Rumelhart and McClelland，1986）。这些并行处理计算模型与人脑中神经元连接系统的真实排列有着相似之处，对机器学习的发展起到了重要作用。对多维尺度中的类别进行表征类比不仅是一种方便的工具，还能告诉我们大脑中的神经元网络是如何运作的。

　　就像多维尺度模型为心理物理学提供了概念基础一样，因素分析也在心理测量中发挥了类似的作用。它的成功可能不仅仅是因为统计上的便利，也是由于因素分析的图形表征功能非常强大，它反映了人类对物体（或人）之间的差异做出判断的认知过程。事实上，在人脑中发现的一种特殊的神经结构已经被证明可以在计算机仿真实验中执行因素分析。因此，有可能大脑本身就使用因素分析技术来理解大批量的数据。

因素分析在测验编制中的应用

　　当编制心理测验时，除了传统的题目分析，我们还可以对测验题目之间的相关性进行因素分析，这一方法被证明在检验测验方案的概念结构和量表中的偏差方面特别有用。

特征根

原始的因素分析转换生成了和变量数量一样多的因素，并为每个因素计算出了一个特征根。原始的变量集定义了矩阵中的总方差，其中每个变量贡献一个单位。因此，当对包含 10 个变量的数据进行因素分析时，总方差为 10 个单位。因素分析会重新分配这些方差，即在保持方差总量不变的前提下为每个因素分配一定的方差。每个因素所分配的方差是其特征根的函数，这个函数满足以下要求：所有原始因素特征根的平方和等于变量的总数。以 10 个变量为例，会有 10 个原始因素，这些因素的特征根的平方和为 10。因素的特征根越大，它在总方差中所占的比例就越高，这个因素也就越重要。第一个因素通常占据了共同方差中很大的一部分，而随后的因素所占的方差递减。从某一个因素开始，此后的因素的特征根都小于 1，这就表明它们所能够解释的方差小于单个变量的方差。

使用 Kaiser 准则确定提取的因素数量

由于因素分析的目的是提取分布在许多变量中的信息，并用较少的维度对其进行表示，因此特征根小于 1 的因素往往会被丢弃。这种直观的规则有时被称为 Kaiser 准则，以其最初的提出者 Henry Kaiser 命名。然而，有时情况要复杂一些。例如，可能有太多不可靠的变量或者不相关的变量，导致模型中包含许多特征根大于 1 的因素。另外，有时会有很多因素的特征根都在 1 的临界阈值附近。假设前七个因素的特征根分别为 2.10、1.80、1.50、1.10、0.90、0.60 和 0.50，那么使用特征根大于 1 的标准就没有太大的意义。这是因为相较于第三个因素，第四个因素所解释的方差大幅下降，而第四个和第五个因素所解释的方差之间几乎没有什么差别。所以，虽然 Kaiser 准则建议保留前四个因素，但是额外检查三个因素和五个因素的模型可能会更有价值。

用卡特尔碎石检验确定提取的因素数量

Kaiser 准则的一种替代方法是卡特尔碎石检验，该检验针对特征根与因素数量之间的关系作图，并将其形状比喻为海岸边鹅卵石的样子。卡特尔认为，只有在重要因素和干扰项的分界点上才会出现碎石。

图 4.3 展示了从假设性数据中提取的因素特征根。碎石的位置是清晰可见

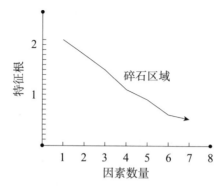

图4.3　卡特尔碎石图（特征根与因素数量）

的，碎石检验表明应该提取五个因素。

用于识别因素提取数量的其他技术

然而，有些数据并不能生成碎石，因此需要采取其他方法来决定提取因素的数量。事实上，最好的方法通常是提取不同数量的因素并检查和解释这些模型的含义。一般来说，只要可以合理地解释因素与原始变量之间的关系，我们就最好保留这些因素。例如，第一个因素可以是一般因素，第二个因素是年龄，第三个因素是偏差，第四个因素是一个潜在的分量表因素，依此类推。最终我们会遇到一些无法解释的因素，至此就可以停止提取因素了。在大样本的情况下，另一项技术特别有用，即将样本分解成若干个子群体，分别进行因素分析，然后比较相互之间的相似程度。我们需要保留的是最初的那些在各个子群体中看起来相似的因素。

因素旋转

因素旋转的概念并不新鲜，在 20 世纪 30 年代，瑟斯顿对其尤为感兴趣。当需要多个因素才能描述数据时，因素旋转是十分有用的。因素旋转可以很容易地用一个简单的双因素模型来解释。如前所述，提取的第一个因素解释了大部分的方差，第二个因素代表了第一个因素无法解释的剩余方差。然而，这些因素相对于其底层变量的实际位置却是很难解释的。事实上，在双因素空间中，我们可以用许多不同的方法来定义这些潜在因素。图 4.4 给出了一个双因素模型的例子。

比如，我们对六个能力（算术、计算、科学、阅读、拼写和写作）测验进行因素分析，它们在因素 I 上的载荷分别是 0.76、0.68、0.62、0.64、0.59 和 0.51，在因素 II 上的载荷分别是 0.72、0.67、0.63、-0.65、-0.67 和 -0.55。如

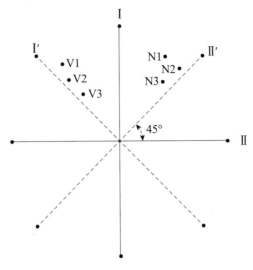

图4.4 正交因素的旋转

注：N1、N2、N3 是数学子测验，V1、V2、V3 是语言子测验。图中的点代表的是因素载荷。

果用图表来描绘这两个因素上的载荷（Ⅰ作为 y 轴，Ⅱ作为 x 轴），那么它们就形成了两个群组：右上角的是数学能力，而左上角的是语言能力。在这种情况下，我们可以将因素Ⅰ解释为一般能力因素，而因素Ⅱ则将擅长数学而不擅长语言的人与擅长语言而不擅长数学的人区分开来。然而，如果我们在这个图上画两条新的线，这两条线都穿过原点并与Ⅰ和Ⅱ成 45° 角，我们会发现其中一条线非常接近数学群组，且此时的数学群组几乎没有任何语言载荷，而另一条线非常接近语言群组，并且语言群组几乎没有任何数学载荷。对此，我们可以解释为存在两个独立的能力因素，一个是数学能力因素，另一个是语言能力因素。这两个模型使用了同一组数据，但是并不矛盾！因素分析的解释从来都不是简单的，只有熟悉了基本概念才能全面地理解分析结果。

旋转得到简单结构

曾有一段时间，因素分析数据的旋转是用手工进行的，即按照刚才描述的方式，通过在图上画线得到易于解释的模型。然而，有人质疑这种方法（这种方法是有效的，只是容易被滥用），认为它过于主观。因此，瑟斯顿提出了一套规则来说明旋转的标准程序。其中最主要的一条是旋转是为了得到"简单结构"。在前面的例子中，对数学和语言数据进行的旋转采用的就是这种方式，它试图将旋转后的因素画在能够穿过主要群组的位置上。在实践中，最简单的代数方法是要求尽可能多的变量在接近于 0 的因素上具有载荷（载荷可以理解为变量和因素之间的相关系数）。然后，调整旋转的角度，使得在其他因素上的载荷最小，而不是在当前因素上的载荷最大。这个过程称为方差最大（varimax）旋转，大部分因素分析软件都提供这一程序，它也是迄今为止最流行的因素旋转技术。

在实践中，数据很少像我们的例子中表现得那么好，而且统计软件也可能很难在许多不合适的拟合中判断哪种拟合是最好的。在这些情况下，可以尝试其他旋转方法，并根据其他标准选择模型。例如，如果旋转结果无法满足只穿过其中一组变量且另一组变量载荷较低的条件，我们可以优先考虑其中某一组变量。

正交旋转

一般来说，在经典的因素分析中得到的因素是相互独立的，也就是说，它们是以相互垂直的角度（正交）绘制的。这一点并不是毫无根据的。因素结构位于一个虚拟的空间，而不是变量之间原始相关性的真实空间，因此需要对其加以限制，否则会出现太多可能的模型结果。而这也是当初引入简单结构的旋转算法来替代主观绘制旋转的原因之一。正交因素还有一个优点，那就是它们相对容易解释。

斜交旋转

然而，在某些情况下，数据并不适合正交模型。还有一些情况下正交模型会显得非常刻意，因为可能有充分的理由认为两个特定的因素是相关的。例如，对于愤怒和敌意这两个人格变量，斜交模型可能更为合适。这种模型较难解释，因为因素结构的一个主要制约因素不复存在，而且所得到的因素并不是相互独立的。正交性标准可以放宽的程度是不固定的，而这种程度的不同往往会产生不同的模型，因此需要大量的经验来解释这种旋转，缺乏这方面经验的人最好避免使用这种技术。

经典因素分析法的局限性

因素分析是一种令人困惑的技术，如果不小心谨慎地使用，很容易产生互相矛盾的结果。一般来说，这种分析尤其不适合应用于假设演绎法的假设检验，因为它可以非常容易地用来支持基于同一组数据的许多不同的假设。举个例子，有这样一个假设，如果两个变量在同一个因素上都有载荷，那么它们一定是相关的。这个假设就是一个常见的错误，因为这纯属无稽之谈。我们可以通过画两条互相成直角的线来证明，这两条线代表了两个不相关的变量，然后在它们之间 45° 角的位置画一条线，每个变量都在这条线所代表的因素上有 0.71 的载荷（45° 的余弦为 0.71）！在早期的研究中，主要的理论之争往往是基于不同因素分析旋转的结果产生的。例如，究竟存在一个还是多个智力因素？这些争议归根到底都只是纯粹的猜测。根据对数据的解读，任何一种立场都可以得到支持。比如，艾森克和卡特尔曾经就人格最好是用两个还是 16 个因素进行解读发生了争论，结果证明，这完全取决于在同一数据上使用正交旋转还是斜交旋转。因此，人格因素可能有两个，也可能有 16 个，这只是不同的观点而已。

20 世纪下半叶，人们普遍对因素分析感到不满，因为这项技术显然能够得到任何想要的结果。与此同时，人们建议在使用这一技术时应该采用更为严格的标准。有人认为，因素分析必须采用非常大的样本量。然而，所推荐的样本量往往太大，以至于在当时使用因素分析这项技术变得不切实际。对模型的假设也引入了进一步的约束条件，并且要求相关矩阵中的变量具有相等的方差。这产生了一个相当大的现实问题，因为二进制数据往往达不到这一要求，而心理测验的题目得分通常都是二进制的。直到现代心理测量学通过引入逻辑和验证性因素分析（详见第 5 章）等方法，这些问题才得以解决。回顾过去，早期所使用的近似解决方案取得了如此多的成就，这令人惊叹。

心理测量理论的批判

20 世纪见证了许多争辩，争辩的焦点是心理特质，尤其是智力究竟是否可以被测量。把智力简单地定义为智力测验的得分，这种可笑的定义得到了广泛的赞同（Boring，1957）。这种观点主要来自那些普遍反对心理测验的人，但是，这些批评者也以他们特有的方式对现代心理测量学的发展做出了贡献，他们的观点也值得我们思索。

心理和教育测验是测量的一种形式，但与长度或重量等物理测量不同，人们对这些测验的测量对象及测量方法都感到十分困惑。"潜在特质真的存在吗？"

这个问题本身又会引出许多问题。一个难点在于，测量的不是一个物理对象，而是一个干预性的构念或者说假设性的实体。例如，在评估创造力测验是否真的能够测量创造力的时候，我们无法将一个人在测验中的得分与其实际的创造力直接进行比较，而只能借助于其他一些关于具有创造力的人的行为特征的观点来观察测验得分是否能够区分有创造力和没有创造力的个体。对于创造力、外向性和智力等概念的测量，取决于我们能否对这些构念的含义进行清晰的界定。界定含义的目的是识别这些潜在特质，并为每个个体尽可能完善地测量每一种潜在特质，即获得每种潜在特质的真分数。然而，不仅心理测量学界，甚至更广泛的社会都无法对每种特质的基本特征达成一致，这就限制了对它们的测量。

对真分数理论的批判主要是针对真分数的概念本身，因为有人认为真分数的统计学定义是具有误导性的。他们认为，我们不能从测验分数中推断出大脑中存在什么，因为智力仅仅是使用测验所产生的一个构念。真分数只是一种抽象概念，因此在理论上是没有意义的。这一观点的本质是，心理测量从根本上说与更广泛的科学领域进行测量的方式是不同的。为了解决这个问题，我们可以借助于真分数的另一种定义，这个定义来源于柏拉图在他的《形而上学》中提出的关于现实和真理的理论。

柏拉图式真分数

柏拉图式真分数的概念基于柏拉图的真理理论。他认为，如果人们可以想到某种事物，那么即使它不存在于物质世界，它也一定存在于某个地方，也许是某种柏拉图式的天堂，在那里存在着虚构的事物。独角兽就是这种事物的一个例子。只有我们根本无法想到的事物，才可以说是"不存在"的，比如唐纳德·拉姆斯菲尔德（Donald Rumsfeld）提到的"未知的未知"。

许多人认为，柏拉图式真分数的概念是错误的，这一观点得到了原则上支持和反对心理测量的人的一致认可。那些支持心理测量的人完全赞成统计学的定义，因此批判这种柏拉图式的方法是不必要的和具有误导性的。而反对心理测量的人认为，如果存在可靠的测验分数就推断存在一个构念，那么就犯了一个类别错误。正如行为主义者认为行为的背后并不存在思想，真分数并不存在，只不过是一系列观察到的分数和推论而已。然而，这是一种过度简化。人们使用许多抽象名词，虽然没有直接相对应的物体，但它们肯定是存在的，例如正义。当然，我们可能会同意，在某种意义上，正义并不是一种物理性的存在，但我们应该不会把这等同于同意"世界上没有正义"或者"没有正义这种东西"的说法。一个抽象的物体没有物理的存在，这并不意味着它不能"以某种数量存在，因此可以被测量"。例如，有人认为爱情是无法衡量的。但是"你还爱我吗？"或者"我更爱你了"这样的表达，难道也是毫无意义的吗？答案是否定的，爱情是可以被评定的，因此它可以被测量，甚至可以通过量表的方法来测量。

心理与物理真分数

物理测量有什么特别之处，使其区别于心理测量，使得物理测量不受真分数理论影响吗？未必。虽然通常大多数人对普通物体的长度是固定的这个想法没有意见，但这本身就是一种柏拉图式的方法。我们以一个物理对象——桌子的长度为例，我们永远不可能完全准确地测量它，因为任何两个人在测量的精确程度上都不会完全一致。更不幸的是，即使他们得到了一致的结果，到了第二天，他们的结果也将不再准确。稍有湿气，桌子就可能膨胀，而不同的材料在冷热变化时也可能会有不同程度的收缩或膨胀。可以这么说，这张桌子确实有一个长度，但它的长度在不同的时间是不同的。即便长度是固定的，桌子也不可能完全是长方形的（这本身就是一个柏拉图式的概念），那么，哪个点的测量才是"真正的"长度呢？人们想象中的桌子长度是一个真分数，并设定了一个现实世界中任何桌子都无法遵循的标准。医学领域的测量更是如此，比如血压，它不仅随着每次测量而变化，而且在每一秒钟，在身体的每个部位都不一样。同样，血压不仅是一个观察到的测量值，也是我们所认为的一个真分数。实际上，它已经达到了所需要的精确程度。人们或许希望至少某些实体可以被完美地测量，但这只是一个渺茫的希望，甚至光的速度也不是完全准确的，而像圆周率与自然常数这些数学基础概念也只能精确到小数点后几位。的确有许多柏拉图式的概念被证明如独角兽一般并不真实存在，但是没有想象力就没有科学。真分数理论最初可能看起来有点像一头犀牛，但是最终证实它并不是一头独角兽。如今，它已经变成人工智能野生动物园里深度学习的一种模型。

功能性测评和胜任力测验

在 20 世纪下半叶，一种新的心理测评方法流行开来。这种方法是功能性的，它侧重于对胜任力而不是潜在特质进行测评。基于特质的测验，其目的是测量一个潜在的心理构念，比如智力或外向性。而在功能性测评中，测验只是为了达到一个目的，即根据特定的目标应用来区分测试者，例如，能否胜任某项工作。

在功能主义方法中，测验的设计完全由其用途决定，除了测验的应用以外，测验所测量的内容没有其他意义。其中两个代表人物分别是戴维·麦克利兰（David McClelland）和詹姆斯·波帕姆（W.James Popham）。戴维·麦克利兰是职业领域胜任力测验的倡导者，而詹姆斯·波帕姆是教育领域标准参照测验的拥趸。麦克利兰认为，基于特质的测评作为就业背景下的一种选拔工具是完全无效的，无论是能力测验还是学业成绩都不能预测职业成功。他的结论是，基于标准参照的胜任力测验能够比传统的常模参照测验更好地预测重要的行为。他早期的成果影响深远，至今基于胜任力的方法在职业资质测评中依旧非常流行。波帕姆认为，人们过分地强调了测验中的常模因素。例如，他指出，如果我们感兴趣的是某人是否会骑自行车，那么其他人骑自行车的表现就无关紧要。的确，如果我们发现所有人都会骑自行车，这将是一件令人开心的事情。即使人们骑自行车的能力差异不大，我们也丝毫不会介意。对波帕姆而言，他只关注人们在特定标准上的表现如何，所有人是否获得了相同的分数并不重要。最近，功能性模型已经成为大多数心理测量或心理画像系统的基础，这些系统由机器学习算法构建而成。机器学习算法单纯地学习如何在预先定义的群体之间进行区分，而并不关心这些特定的群体最初是如何或者为何确立的。

在很多实用场景中，测验可以采用功能性的方法进行编制。然而，这种方法也有若干缺点。首先，我们不能假定为一个特定的目的而开发的测验可以应用于其他目的。但是在许多应用领域，这反而是功能性模型的优点而非缺点。例如，在教育领域，人们普遍接受将形成性测评的功能与终结性测评的功能区别开来。在形成性测评中，测验可以帮助老师和学生了解在接下来的教学中需要继续完善的课程内容，而终结性测评则会对学生的学业成就给出一个最终的评定。终结性测评极大地影响了课程的设计，这一点受到了广泛的批评。同时，形成性测评受到了人们的欢迎，因为它不仅能够约束终结性测评对课程的影响力，还可以提供及时的反馈。然而，我们应该承认，这两种考试的实际内容大致是相同的，而且在实践中，每一种考试的内容之间存在相当大的重叠。

其次，功能性模型坚持认为，所有心理干预变量或特质都是无关紧要的，这几乎可以视作一个原则性问题。这与20世纪初行为主义的观点一致，即特质唯一有用的一点是其所引发的行为，而行为可以被直接地、功能性地测量与定义，因此这些特质是多余的。在功能主义中，不存在例如"数学能力"这一概念，因为它只是个体在各种数学题目上的表现。然而，这种方法有些理想化，并不能反映现实世界中人们的做法，因为人们经常使用诸如"数学能力"之类的概念。事实上，正是基于这些概念，人们才可以将一个测验分数应用于实际决策之中，无论它是否合理。如果没有这些概念，雇主为何要参照普通中等教育证书（GCSE）上的数学成绩来筛选求职者呢？显而易见的是，数学教学大纲不太可能是基于雇主的特定工作设计的。解联立方程也不太可能是这份工作所需要的技能。现实中又有多少拥有普通中等教育证书数学成绩的人，在离开学校后还需要求解 x 呢？答案是显而易见的，在实践中，人们使用的标准并不是功能性的，而是基于关于人类能力中个体差异本质的常识性概念。

因此，我们发现，虽然功能主义的方法有着表面上的优势和特定的目标，但是特质心理学仍然是必不可少的，因为它精准地刻画了人们在现实世界中做出决定的方式。有人认为，所有这些与特质相关的方法都是错误的，它们必须被功能主义取代。而这代表了一种不合理和毫无根据的理想主义。试图规定人类的思维过程是毫无意义的。在某种程度上，大部分心理学只是试图客观和一致地预测人们的行为。如果假定存在特质可以实现这个目标，那有何不可呢？使用这种方法取得成功的例子比比皆是，尤其是在临床心理学领域。例如，贝克抑郁量表（BDI）最初是在一个功能性模型所定义的框架下构建的，这个功能性模型描绘了一个抑郁性行为和思想的蓝图。假如这个抑郁测验在应用于抑郁的不同场景时都需要重新构建，那么这个测验就几乎没有用处了。完全功能性的测验只适用于一个特定的情境，它们难以概化。如果我们想要将其概化，就需要抑郁特质这一概念，并以此来证明该抑郁量表可以应用于其他情境。比如，对儿童施测，或者用于反应性抑郁和内源性抑郁的测评。为此，贝克抑郁量表需要具备结构效度，而这必须以承认抑郁这一构念与特质为前提。贝克抑郁量表涉及多种情绪变化、行为、思想和身体症状，心理学家、精神病学家和治疗师认为这些症状都属于抑郁的一部分。

机器学习与黑匣子

尽管如此，功能性的方法最近在人工智能领域再度兴起。有人认为，只要机器能够学会如何识别群体间的差异性特征，如何实现这一点就无关紧要。一般来说，这样的系统通常用于追求更好的结果，比如利润最大化。保险公司曾经根据邮政编码向客户收取不同的保费，这种行为在 2013 年被欧盟认定为非法。这种保费机制不仅歧视穷人，而且歧视那些有更大概率陷入贫困的群体，因此涉嫌违反机会平等的有关立法。

人工智能算法采用了多年来收集的大量数据进行训练。如果这些数据包含过去的种族、性别或其他方面的偏见，那么基于这些人工智能算法的预测也会反映出这些偏见。由于无须解释具体的决策机制，算法的内部运作就变成了一个黑匣子。当人工智能被法院和惩教机构用于辅助保释、判决、假释等决定，以及应用于预测性警务等领域时，这就变成了一个严重的问题。在一篇关于"科技抵制"（techlash）的综述中，Atkinson 等人（2019）得出结论，为了降低算法偏见造成伤害的可能性，监管机构应该"确保使用人工智能的公司在已经受到监管的领域遵守现有预防偏见的法律"。然而，这方面的监管存在一定的困难，其中一些可能是无法克服的。虽然欧盟正在通过立法要求人工智能提出的所有建议都必须是可解释的，但是这些系统往往异常复杂，无法用人类语言来解释。

小结

在许多科学领域，精准的测量是成功的关键，如同物理和化学一样，心理学也是如此。每门学科都有其"独角兽"，无论是以太、燃素还是动物磁性。然而，尽管屡屡碰壁，科学家们仍旧追寻着他们的梦想，并取得了许多一度被视为奇迹的成就。因素分析的技术早期被用于识别真分数，后来逐渐演化为路径图和潜变量分析，并进一步发展为深度学习神经网络中的隐藏层，而这些神经网络对现代人工智能是至关重要的。如果我们不揭开这些隐藏层的神秘面纱，它们就将永远以黑匣子的形式存在。如果人工智能有一天变得真正智能，它可能也会想知道这些黑匣子里究竟藏着什么。而这一天很可能会在人类真正了解自己的大脑如何运作之前到来。

从伦理学的角度来说，特质的方法和功能性的方法各有利弊。任何一方都不是完全正确或者完全错误的。重要的是，心理测量学家和数据科学家清楚地知晓在特定情境中所采用的假设，并且可以证明其合理性。针对人工智能在心理测量中的应用，我们仍旧在等待相关的立法，而这已经变得愈发必要。

第 5 章　　项目反应理论
和计算机自适应测试

引言

传统能力测验中采用的选择题得到的往往都是正确或者错误这种二分的数据。这些数据是非参数的，因为在题目水平上它们并不服从正态分布。然而，经典项目分析可以采用有效的方法把非参数数据概略估算为参数数据。举例来说，二分数据和等距数据之间的点二列相关一般会假设二分数据来源于一个潜在的正态分布，因此可以对题目和测验总分进行相关分析，进而求得题目的区分度。在实际应用中，开发经典测验时会采用类似的项目分析来为测验选择题目。只要这些题目在质量方面的排名保持不变，计算相关系数的具体细节就是无关紧要的。虽然纯粹主义者可能会质疑这些参数严格意义上的统计学属性如何，但是假如采用更复杂的方法得到的却是相同的排名，并且完全不影响保留或者删除题目的有关决定，那么这一切又有什么意义呢？

计算能力的迅速提升意味着项目分析可以通过精准的概率计算获得更为准确的统计参数。评定模型（logit model）和逻辑斯蒂模型（logistic model）的出现分别解决了二分数据和顺序数据的精准概率计算问题，这让我们对整个心理测量的过程有了更好的理解。然而，我们必须承认的是，经典方法经受了时间的考验，具有易于理解的优势。这对于首次开发测验的人来说是非常重要的，因为他们可以从中掌握每一步操作的实践意义。

题库

大数据在现代心理测量中并不是一个新鲜的概念。自数字形式的考试系统应用以来，越来越多的数据在数据库中得以累积。说到底，心理测试的题目也是一种可重复使用的商品。所有的考试委员会不仅收集了以往的题目，还保留了题目有效性的相关信息。按照最广泛的定义，题库就是一段时间内积累的题目及其有效性信息的总和。只要对某一种测试有反复多次的需求，例如英国的医学考试或者中国香港的入学选拔考试，它们都需要大量的选择题，我们就可以借此建立题库。这些题库多年来可能积累了成千上万道题目，其中某些类型的题目渐渐脱颖而出，并在接下来的测试中一遍又一遍地使用。

在每次测试时，如果题库中所包含的题目数量远远多于实际需求，人们就会倾向于从题库中简单地随机抽取一些题目。这导致我们在每次测试时都会面对一套新的题目。按照经典测验理论，每换一套题目我们都需要建立一个新的常模来重新计算题目的难度和区分度，因为在经典模型中，最基本的单元是整套测验而不是单一的题目。可是，这真的有必要吗？人们做了很多尝试去探索如何在没有新建常模的情况下使用题库中的已知信息去预测测验的表现。为此，我们需要更多的信息以进一步了解题目分数与测验所要测量的潜变量之间的关系。

拉什模型

1960 年，丹麦数学家乔治·拉什（Georg Rasch）提出了一个可行的解决方案。拉什对考试的计分方式非常感兴趣，他提出可以采用 S 型函数对答对一道题目的概率与能力这个潜变量之间的关系进行建模。拉什发现，当测验中的所有题目都具有相同的区分度时，可以生成一个与答题者和其他题目都独立的单项统计量（参数）。因此，他认为这种模型是不依赖于答题者和题目的。拉什模型（the Rasch model）在英国逐渐流行起来，由于其简易的特性，至今仍被广泛使用。拉什还证明，如果假设猜测元素保持不变（比如所有题目都采用相同的题型），并且只采纳具有相同区分度的题目，我们就可以放宽经典心理测量中的一些限制。拉什模型为每个题目生成了一个单独的统计量，从而使该题目可以在多种不同情况下使用，而无须考虑当前测验中其他的题目或者该测验具体涉及哪些答题者。该方法在题库校准方面显示出相当好的前景，因为如果能够证明这种方法是精准的，那么对于教育测评人员，尤其是那些需要处理大规模人群数据的测评人员来说，这将极为有用。比如，当某项测试具有不同版本时，只要不同版本之间有足够多相同的题目，我们就可以比较参加不同版本测试的个体之间的分数。

教育标准评估

20 世纪 70 年代，英国的教育科学部为了监管学术标准而组建了一个绩效评估小组（APU），这个小组对拉什模型非常关注。他们似乎是这样假设的：比如，如果有一个题库具备适当的题目用来测量 11 岁答题者的数学成绩，那么我们可以从这个题库中随机抽取题目来测试不同的 11 岁年龄组的答题者，以此来对不同的学校和教学方法进行比较，还可以观测不同年份间学术标准的上升或者下降情况。然而，事实却不是这样的。一些持批评态度的学者指出，无论是采用经典项目分析还是采用拉什模型，我们最终采纳的测试题目或多或少都是相同的。既然经典测验中的题目和基于拉什模型的测验中的题目是一样的，那么为何只有基于拉什模型的测验是"不依赖于题目和答题者"的呢？为了保证题目与答题者之间相互独立，题目之间必须具有相同的区分度。这一点非常重要，可是现在却引起了怀疑，因为如果这两种技术可以采纳相同的题目，这就表明对题目区分度是否相等的检验实际上无法有效剔除具有不规则区分度的题目。而事实证明的确如此：拉什模型所采用的相似性检验是一种针对相同斜率的测试，只要能够证明虚无假设就可以接受该检验——众所周知，这种统计方法极其不具备效力。类似的疑虑引发了对于拉什模型是否适用于制定学校相关公共政策的广泛怀疑。尤其在评估国家标准的升降等问题上，人们不再赞成采用这种方法。

伯恩鲍姆模型

1968 年，伯恩鲍姆（Birnbaum）在罗德（Lord）和诺维克（Novick）所著的影响深远的《心理测试计分统计理论》一书中发表了一个章节，在其中，他提出了一个统计模型，该模型以数学的形式来表示传统能力测验中以对错计分的题目行为。这个模型后来被称为项目反应理论（IRT）。这种方法最基本的概念是项目特征曲线（ICC），即对于每个题目，我们都可以绘制一条曲线来表示不同能力的答题者答对该题目的概率。项目特征曲线的形态类似于正态累积频率图，也就是累积正态分布。这非常易于理解，因为累积频率图也是正态分布的一种形式。在测量时，由于受到随机误差的影响，我们自然会预期得到一个累积频率图，这和真分数理论的模型相一致。很快，人们便意识到拉什模型也是基于相同的出发点，作为一个简化的模型，唯一的区别在于拉什使用了比累积频率图更简单却与其相似的 S 型函数。

项目反应理论是为了观测项目反应曲线的基本代数特征，并通过提取若干个方程的方式来对它们进行建模，而这些方程可以借助基本的数据来预测该曲线。这种建模方式与我们所熟知的建立直线方程式的过程是相同的：在公式 $y=a+bx$ 中，如果 a 和 b 是已知的，那么该直线在 xy 坐标系内的位置就是确定的。当我们采用类似的方法对项目反应曲线建模时，情况就变得稍微复杂一些。伯恩鲍姆认为，定义项目反应曲线需要四个变量：一个答题者相关变量（答题者的能力）和三个题目相关变量（称为题目参数）。这三个题目参数可以与经典项目分析中的传统概念相对应，分别为题目难度、题目区分度以及猜测参数。如果这三个参数的值已知，那么我们就可以据此绘制项目特征曲线。此模型被称为三参数模型。如果我们不考虑猜测参数（例如当所有题目猜对的概率相同时），它就变成了双参数模型。如果假设所有题目的区分度也大致相同，它就变成了单参数模型。尽管答题者参数同样存在于以上模型中，但是没有被计算在内。令人惋惜的是，在伯恩鲍姆首次提出他的模型时，由于计算能力的不足，这个模型并没有得到充分的开发与利用。

现代心理测量学的发展

尽管早期在英国，拉什模型和 IRT 模型的实用性受到了质疑，但是在世界范围内，人们却愈发频繁地使用这些模型。随着位于普林斯顿的美国教育考试服务中心对该方法的支持，美国逐渐在这方面占据了主导地位。许多心理测量学家越来越意识到，早期对 IRT 的反感主要是由于过早地夸大了它的实用性。但是，随着时代的改变，算法的复杂性、耗时与成本等问题已经不再构成困扰，人们在台式电脑和笔记本电脑上都可以执行非常复杂的运算，即使是三参数模型的分析也不再是一件难事。

计算机自适应测试

事实表明，在上机考试中使用计算机自适应测试（CAT）技术是十分有用的。因为在上机考试中，计算机可以根据答题者的作答反应来选择所呈现的测试题目，在减少 50% 的题量的情况下，我们也可以得到可靠的测试结果。在计算机自适应测试中，由屏幕呈现给答题者题目，随后答题者进行作答。然后计算机会在题库剩余的题目中选择接下来呈现的题目，以获得最大的信息量。计算答题者的分数是一个持续的过程，这需要考虑目前为止答题者对呈现给他的所有题目的作答反应的综合概率来计算其最有可能的能力水平。随着计算机呈现的题目越来越多，分数的估计会越来越精确。当分数达到预先设置好的精确度时，测试就会终止。

测验等值化

拉什认为，题目的难度不应该取决于参与测试的答题者。在答题者参与不同难度的测试时，借助 IRT 模型来比较他们的得分是十分有效的。比如英格兰和威尔士的普通中等教育证书考试，这种考试系统会出现简单和困难的多种版本，当我们需要综合不同的版本生成一组通用分数时，就可以采用 IRT 模型。日常生活中经常需要进行类似的比较，因此值得我们加以关注。例如，在招聘时，雇主可能需要对具备不同资质证书的应聘者进行比较。在许多涉及选拔的领域，与其关注应该怎样操作，不如尽可能地确保实际操作的公平性和有效性。需要指出的是，对拉什模型的大部分批评并不适用于双参数模型和三参数模型。因为这两种模型都没有假设题目具备相同的区分度，同时三参数模型还额外考虑了猜测效应的影响。

多极 IRT 模型

在 21 世纪，计算统计快速发展，出现了使用最大似然估计法对离散数据进行概率和非参数分析的统计软件。随着这些软件的广泛使用，IRT 方法迎来了革命性的发展，被运用于人格和能力的评估。针对多级作答数据，还诞生了多级 IRT 模型。因此，我们现在能测量的特征，不仅是正确或者不正确的作答反应，还包括中间类别的作答反应。例如，在人格测试中，人们需要从以下选项中做出选择："非常同意""同意""不确定""不同意""非常不同意"。在使用 IRT 对题目进行项目分析时，我们可以知道是否存在多余选项，或者如何对选项进行改进。

■ 项目反应理论直观的图形描述

我们可以通过数学方程式的形式对项目反应理论进行解释，但是对于许多学习者来说，方程式是晦涩难懂的，并不能清楚地说明问题。相反，采用图形的形式可以让人更为直观地理解这一概念。本章将以图形的方式来解释三参数逻辑斯蒂模型（3PL）这一 IRT 模型。如果读者对模型的数学形式或者其他 IRT 模型感兴趣，可以参考更为综合性的书籍，例如 Embretson 和 Reise 于 2000 年所著的 *Item response Theory for Psychologists*。

总的来说，项目反应理论与经典测验理论（CTT）是不同的，主要区别在于项目反应理论强调构成测验的单个题目的属性，而不是把测验看作一个整体。虽然这种区别听起来像是只有数学家才会关注，但是这代表了我们对于测验最根本的看法的转变。经典测验理论认为，测验的目的是检测答题者是否具备所考察的特质，完成测验的人会得到一个分数，通过这个分数可以对其与其他参加同一测验的人进行比较。但是项目反应理论认为，测验更像是为了测量答题者的特质而进行的一系列实验。每道题目都代表着施测者对答题者潜在特质能力的一个假设。当答题者每次做出回答时，施测者都会更新他们对答题者能力的估计。如果答题者回答正确，能力的估计值就会提高；如果答题者回答错误，能力的估计值就会降低。一般来说，答题者完成的题目越多，能力估值的置信区间就会越小。项目反应理论分析的过程围绕着单个题目而不是一组题目展开，这有效地克服了经典测验理论的很多局限性。

经典测验理论的局限性

估计的准确度随潜在特质水平而变化

在经典测验理论中，无论参加测验的人所具备的能力高低，都有一个统一的信度估计。因为测量的标准误差是恒定的，所以无论分数是多少，每个人的测验分数都在上下一个特定的误差水平之间。

这种统一的信度估计的假设是不成立的。个人测验分数的信度事实上取决于个人的潜在特质水平（Feldt and Brennan，1989）。设想有一个用于测量 10 岁儿童数学能力的测验，如果让一个 18 岁的答题者参加这个测验，那么对其数学能力的测量应该是不准确的，因为这个测验并不具备足够的难度，而且这听起来就是一件很荒谬的事情。但是让我们设想一下，现在一个有很高数学天赋的 10 岁儿童正在参加该测验，他像那位 18 岁的答题者一样答对了每一道题，我们就真的可以认为这个测验对他数学能力的评估是准确的吗？我们唯一可以得到的有效结论恐怕只能是这个测验的难度不够。同样，当一个答题者答错了全部题目时，我们也只能说，这个测验太难了。

为了获得准确的能力评估结果，我们需要知道答题者能力的上限和下限。为此，我们的测验需要同时包括困难、会答错的题目和简单、会答对的题目。所以那些可以答对大约一半的题目（我们可以借此确定他们的能力下限）又答错一半的题目（我们可以借此确定他们的能力上限）、属于平均水平的答题者的测验分数才是最准确的。然而，经典测验理论并没有考虑到这一点。

由于测验对所有答题者都只有一个信度估计，基于经典测验理论的测验开发只着重于提高平均水平答题者的信度会带来偏差。对平均水平的答题者来说，太难或者太简单的题目非常适用于区分水平很高或者很低的答题者，但是由于他们只占人群的一小部分，因此这部分题目最终都被删除了。

测验分数依赖于样本

在经典测验理论中，假如要衡量一位答题者在测验中的表现，就需要将他的分数与参与测验的其他人也就是常模组进行比较。这意味着测验开发者需要根据测试目的选择一个合适的常模组：在理想情况下，用于选拔律师的文字推理测验需要一组律师样本作为常模组，而用于比较学校毕业生的文字推理测验需要一组有代表性的毕业生样本作为常模组。收集常模数据不仅成本高，而且耗时久，如果测验具有多重目的，那么就需要多个常模组，这将会变得更加复杂。测验中即使只有一道题目发生了变化，比如某一道题泄露了，都需要重新建立常模。

当比较参加了不同测验的人的得分时，即使测验所测量的是相同的潜在特质，也会变得非常麻烦。如果一个人参加了一个批判性思维测验并获得了前5%的分数，而另一个人参加了另一个批判性思维测验并获得了前10%的分数，那么哪个人更具有批判性思维呢？答案是，这取决于两个测验的常模组。如果第一个测验采用一般人群作为常模组，而第二个测验参照的是诺贝尔奖获得者，那么第二个人的得分可能会更高些，但是我们依旧不能完全确定。这一弊端导致我们无法比较间隔时间较长的测验分数，因为测验总是在发生变化。例如在医学领域，由于文化、语言的变化以及对疾病理解的更新，针对心理症状的测验通常每十年就发生一次变化。由于不同的人在几十年内参加了不同的测试，要据此确定某些心理症状的流行程度是一件很困难的事情。

在计算机自适应测试中，每个答题者都要接受与其他人不同的测试。因此，根本不可能将经典测验理论应用于计算机自适应测试中，因为完全没有可以比较分数的方法。

所有题目的得分均相同

在测试中，通常答对一道题目可以得到1分，然后将所有题目的得分相加可以得到总分。换句话说，经典测验理论中的所有题目都是均等的。然而，在开发的过程中，题目并不是均等的，因为必定有一些题目相较于其他题目而言具有更高的区分度。让我们设想这样一个实际的场景，一位题目开发者正在努力思考一套有50道题目的外向性人格测试的最后一题。最终他出了这样一道题："相比待在家里，我更喜欢待在外面。"虽然这道题目与外向性只有微弱的联系，但是经典测验理论会认为答题者对这道题的回答和对最佳题目的回答一样重要。

在计算机自适应测试中，答题者在答对题目后会得到更高难度的题目。按照常理来说，答对更难的题目应该比答对简单的题目获得更高的分数，但是经典测验理论并没有明确的方法来实现题目间不同的赋分。

项目反应理论的图形介绍

IRT 模型建立在人们对于测验题目做何反应的基本假设之上。现在我们假设有 10 万人参加了某一测验，测验总共有 20 道题，所有人的得分都在 0 ~ 20 分。我们绘制了在不同总分的情况下答对其中三道题目比例的曲线图（见图 5.1）。

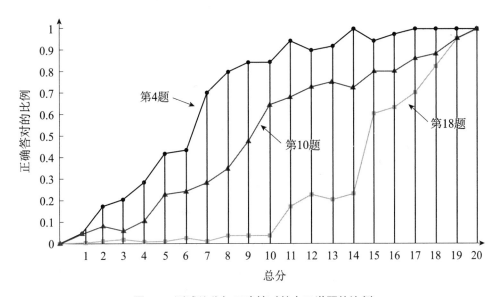

图5.1　测试总分与正确答对其中三道题的比例

假如一位答题者在 20 道题目中得到了 20 分，那么他肯定答对了所有题目。因此，每道题目答对的比例均为 100%，三条曲线在图中的右上角相交。同样的道理，当答题者在 20 道题目中得到 0 分时，他一定是答错了所有题目，因此三条曲线在图中左下角 0 的位置也相交。

我们还可以看到，在总分为 13 分的答题者中，有 92% 的人答对了第 4 题，有 75% 的人答对了第 10 题，有 20% 人答对了第 18 题。事实上，第 4 题的曲线总是高于第 18 题的曲线，这意味着即使有些答题者的总分很低，他们之中也有一部分人可以答对第 4 题。这表明第 4 题是这三道题目中难度最低的，而第 18 题是最难的。

逻辑斯蒂曲线

为了绘制出图 5.1，我们需要大规模的样本来参加这个测试，否则该图将很难观测到每道题目难度的完整样貌。在图中，我们可以看到题目曲线有时呈现下降的趋势。例如，总分 12 分的人比总分 11 分的人反而更不可能答对第 4 题。

IRT 使用逻辑斯蒂（logistic）曲线（见图 5.2）来表示不同能力答题者的作答反应，从而克服了这一问题。模拟一条用于描绘答题者作答反应的曲线只需要较少的数据，同时只需几个数字就可以用数学的形式来定义这条曲线。在本书中，我们重点介绍三参数逻辑斯蒂（3PL）IRT 模型，该模型使用三个参数来描述每道题目。

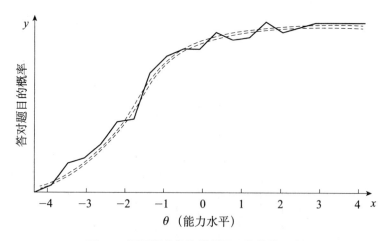

图5.2   逻辑斯蒂曲线模拟题目的作答反应

需要注意的是，图 5.2 中的坐标轴发生了变化。x 轴表示的是答题者在当前所测试特质中的能力水平（也称为 theta，θ），y 轴是答对题目的概率。因此，对于任意水平的 θ，这条曲线都描述了答对该题目的概率。还要注意的是，θ 的大小是量化的。x 轴上的 0 表示的是平均能力水平，而其他的数字表示的是距离均值的标准差（SD）。所以，θ 值为 1 表示能力水平比均值高 1 个标准差（得分高于 84% 的人），而 θ 值为 −2 则表示能力水平比均值低 2 个标准差（得分仅高于 2% 的人）。

3PL 模型：难度参数

如图 5.1 所示，有些题目比其他题目更难：难度是指答题者在潜在特质上需要更高水平的能力才能有较高的概率答对该题目。在 IRT 中，难度被定义为逻辑斯蒂曲线上最陡的点所对应的 x 值。在 3PL 模型中，如果猜测参数设置为 0，那么在这一点上题目答对的概率为 0.5。

图 5.3 展示了三道具有不同难度的题目。最左边的曲线代表最简单的题目，最右边的曲线代表最难的题目。最简单题目的难度值为 −1，这表明 θ 值为 −1 的答题者有 0.5 的概率答对该题。最难的题目难度为 1，这表明 θ 值为 1 的答题者有 0.5 的概率答对该题。这就是难度的数值所代表的含义。

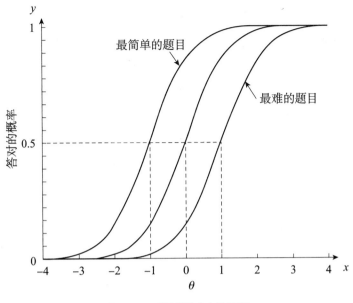

图5.3 三道不同难度的题目

3PL 模型：区分度参数

区分度参数反映了逻辑斯蒂曲线的陡度。曲线更陡的题目可以在较小的范围内有效地区分潜在特质。而曲线较平滑的题目则很难区分潜在特质的任何水平。

图 5.4 显示了两条曲线，这两条曲线所代表的题目只有区分度参数不同，其他参数均相同。请仔细观察当 θ 值从 -0.5 增加到 0.5 时两条曲线的不同变化。

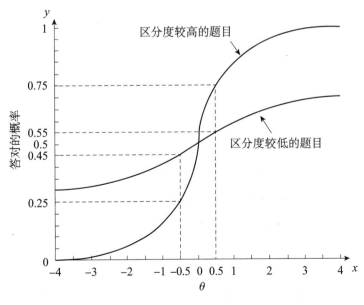

图5.4 两道不同区分度的题目

答对区分度较高的题目的概率从 0.25 增加到了 0.75，这是一个很大的变化。而答对区分度较低的题目的概率几乎没有变化，仅仅从 0.45 增加到了 0.55。因此，通过观察对区分度较高的这道题目的作答反应能够有效地判断答题者的 θ 值为 -0.5 还是 0.5，因为如果这道题答对了，答题者的 θ 值更有可能是 0.5 而不是 -0.5。相反，对区分度较低的题目的作答并不能有效地区分 θ 值，因为无论作答正确与否，都无法提供有效的证据来验证针对这两个 θ 值的假设。在实际中，测验开发者可能会剔除具有较低区分度的题目，因为它对测量任何 θ 水平的潜在特质都是无用的。

3PL 模型：猜测参数

在选择题中，如果题目有五个选项，那么即使随机猜测作答也会有 0.2 的概率答对该题。这一点可以用逻辑斯蒂曲线中的最低点来表示。如图 5.5 所示，这道题目的猜测参数为 0.2，而在此之前所有的曲线都在最左侧趋近于 0。

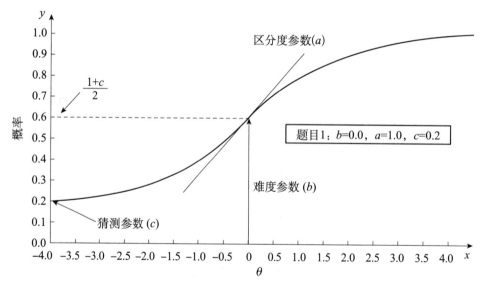

图5.5　一道猜测参数为0.2的题目

请注意，这就是在逻辑斯蒂曲线上不把区分度参数定义为 0.5 的概率对应的点，而定义为最陡的一点的原因。当猜测参数为 0.2 时，曲线上最陡的点对应的概率为 0.6，即 1 和猜测参数之间的中点。

Fisher 信息函数

题目提供了关于潜在特质不同水平的信息。首先，不同特质水平上的信息量是不同的，这一点体现在难度参数上。其次，有些题目更善于区分不同的特质水平，因而具有更高的区分度参数。Fisher 信息函数可以量化题目所提供的信息。图 5.6 展示了三道不同的题目所提供的信息。我们可以看到具有高区分度的题目在一个较小的范围内提供了更多的信息。每道题目在项目特征曲线最陡的点（对应其难度参数）上提供了最多的信息。事实上，信息量的值等于项目特征曲线上每一点的陡度（即这一点的切线斜率）。

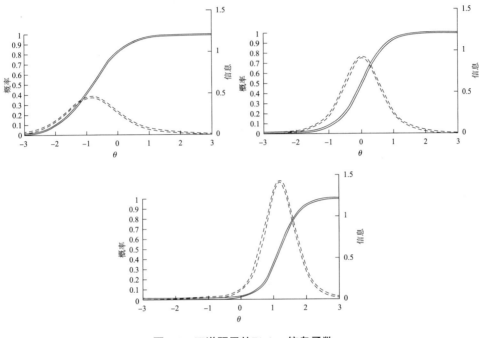

图5.6　三道题目的Fisher信息函数

测验信息函数及其与测量标准误差的关系

将每道题目所提供的信息汇总求和就可以得到整个测验所提供的信息。图 5.7 显示了由图 5.6 中三道题目所组成的测验在不同潜在特质水平上所提供的信息。可以看出，该测验在 -1 ～ 1.8 的 θ 值区间内具有比较高的区分度。

测验的信息量与测量的标准误差之间呈负相关。图 5.8 中展示的测验可以有效区分 θ 值在 -2 ～ 2 之间的答题者。我们可以看到，当 θ 值低于 -2 或高于 2 时，测量的标准误差呈现出上升的趋势。因此，对一位 θ 值为 0 的平均水平的答题者来说，其能力估值的误差会较小，而对 θ 值为 2.5 的答题者的估值会有较大的误差，这是因为该测验不能有效测量 θ 值在 -2 ～ 2 这个范围以外的答题者。

举例来说，一个测验想要选拔学生进入天才班，只有排名在前 10% 的学

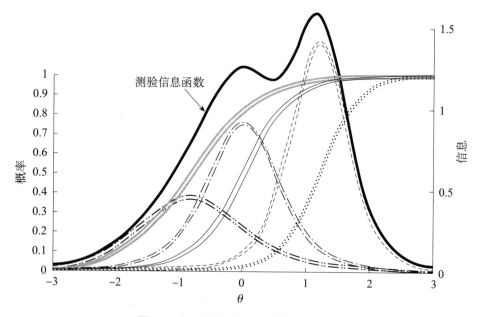

图5.7 由三道题目组成的测验信息函数

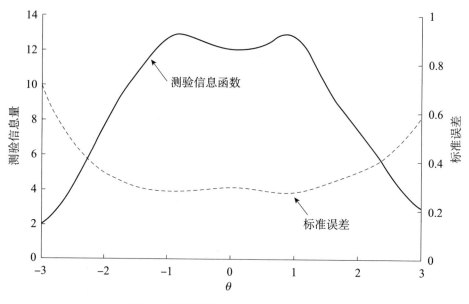

图5.8 测验信息量与标准误差呈负相关

生才能获得这个资格。为了确定候选人的排名是否在前 10%，测验必然需要在临界点（$\theta=1.25$）附近获取尽可能多的信息，使得分靠近临界值的候选人具有最低的测量标准误差，这样我们就可以准确地判断他的 θ 值是高于还是低于临界值。在这种情况下，测验只需要关注 θ 值是否超过临界值，而不需要准确地测量平均水平或者低于平均水平的候选人的 θ 值，也不需要准确测量排名前 5%

的候选人的 θ 值。测验在临界点所提供的信息可以辅助我们进行决策，因此应尽可能选择可以在临界点提供最多信息的题目。

IRT 测验如何计分

在经典测验理论中，测验计分只需要单纯地将答对题目的得分相加，这对于 IRT 测验来说是远远不够的。IRT 测验的计分涉及将三参数逻辑斯蒂概率曲线（也就是我们之前提过的项目特征曲线）相乘，事实上这一过程比你想象的更容易理解。

在答题者回答任何问题以前，我们都可以假设他们来自普通人群，除此之外没有任何依据表明他们的分数应该是多少。也就是说，他们所属的群体是呈正态分布的，因此他们的得分更有可能接近 0 而不是 +3 或 –3，这被称为先验分布。

当答题者回答问题时，他们会给出正确或错误的答案。如果他们回答正确，IRT 就会将他们所答对题目的项目特征曲线与先验分布相乘（如图 5.9 所示）。我们可以看到现在得到的概率分布更偏向于得分更高的一侧，也就是说，答题者更有可能具有较高的 θ 值。这很容易理解，因为答题者刚刚答对了题目，得分自然较高。

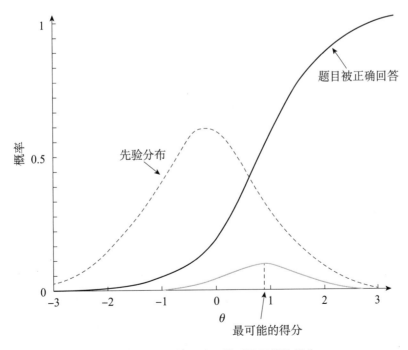

图5.9　第一题被正确回答后最可能的得分

现在我们假设下一道题答题者回答错误。在这种情况下，IRT 会乘以反转的项目特征曲线，即 1-ICC（如图 5.10 所示）。可以看到，现在的 θ 概率分布移向了左侧，因为 θ 的估计值减小了。重要的是，概率估计的分布也变窄了，这表明测量的标准误差降低了，我们对于答题者 θ 值的估计更加精确了。

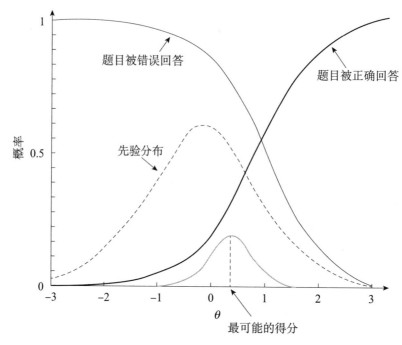

图5.10   第二题被错误回答后最可能的得分

这样的过程将一直持续到测试结束。此时我们希望 θ 估计值的分布尽可能地窄，因为这表明测量的标准误差很小。

在前面的例子中，测验的题目都是固定的。由于 IRT 允许测验中的题目进行混合搭配，我们可以根据答题者对之前题目的作答情况来选择接下来的题目，这一技术被称为计算机自适应测试。

计算机自适应测试原理

以下介绍的内容只是一份简短的概述。如果读者想要了解更多有关计算机自适应测试的信息，请参考 Wainer、Dorans、Flaugher、Green 和 Mislevy 于 2000 年出版的专著 *Computerized Adaptive Testing: A Primer*。

按照特定题目顺序进行的测验通常需要覆盖所测量能力的全部范围，因此对于任意一名答题者而言，都很可能会碰到太简单或者太难的题目。正如大多数纸笔考试一样，题目一般按照从最简单到最难的顺序来设置。能力水平高的答题者在遇到相对困难一点的题目之前必须先回答很多简单的题目。而能力水平低的答题者可能在前几题就会感到吃力，接下来的题目将会更加困难。前者浪费了很多时间来回答简单的题目，即使我们清楚地知道这些题目根本难不倒他们；后者在答题的过程中则会受到挫折，他们会因为尝试回答那些几乎没有希望答对的题目而感到沮丧。

计算机自适应测试采用 IRT 的假设检验方法得出其逻辑结论。一般情况下，计算机自适应测试最先呈现的是平均难度的题目，随后，每当题目被正确回答，测试就会呈现更难的题目。相反，如果答题者答错了题目，那么接下来的题目就会越来越简单，直到答题者答对为止。测试的终极目标是为答题者选择围绕其能力估值的题目，因为这样的题目可以提供最多的信息并带来最准确的 θ 估计值（也就是说最为有效地降低测量的标准误差）。无论答题者的水平如何，测试都要通过校准来保证他们最终都能答对 50% 左右的题目，并且答错 50% 左右的题目。

图 5.11 展示了计算机自适应测试的步骤。在测试开始时，按照先验正态分布，答题者的 θ 值最有可能为 0（平均值），因此难度最接近于 0 的题目会从题库中取出。在答题者回答完这道题目后，就可以计算得出新的 θ 值：如果题目答对了，θ 值就会增大，答错了就会减小。接下来，计算机自适应测试会检查是否已经符合测试的终止规则。符合终止规则可能表明答题者已经完成了一定数量的题目，答题者已经用完了测试的全部时间，或者已经达到了测试标准误差的临界点。也可能同时采用了多种规则，比如，当答题者完成了 10 道题目或者当 θ 值的测量标准误差低于 0.4 时就终止测试。如果不符合终止规则，就继续从题库中抽取难度参数与答题者当前 θ 值最接近的题目。如果符合终止规则，那么测试就结束了。

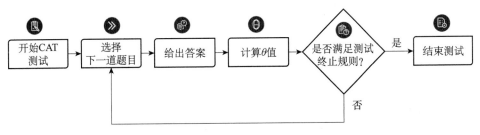

图5.11　计算机自适应测试的流程

与线性的遵从特定题目顺序的测试相比，计算机自适应测试具有三个主要优点：

1.它提高了 θ 估计的准确度（降低了测量的标准误差），因为所选择的题目都能够最大限度地提供特定答题者的信息。

2.它可以节省时间，因为答题者只需要完成较少的题目就可以获得相同的准确度。

3.它可以防止答题者产生挫败感，因为他们不必回答那些太难或者太简单的题目。

答题者作答体验的改善一直是计算机自适应测试在实践中得以推广的主要动力。在职业测验中，雇主不希望候选人因为参加耗时久且令人感到挫败的测验而沮丧，因为即使是被拒绝的候选人最终也有可能在同一行业内的其他伙伴公司工作。采用计算机自适应测试来改善答题者的考试体验，最为显著的应用是在医疗测评领域。对于一位刚被诊断出处于神经退行性疾病早期阶段的病人来说，完成一次完整的生活质量评估是一件非常令人苦恼的事情，因为其中的部分问题只涉及疾病的晚期阶段，例如："你能使用勺子吃饭吗？"如果采用计算机自适应测试，那些目前生活质量还比较高的病人就不会遇到这样的问题。

项目反应理论综述

项目反应理论将一套心理测试视为题目的集合，而不是一个基础的测试单元。这种建模方法为测验开发者带来了许多优势：

- 信度估计并非保持恒定，而是取决于答题者的潜在特质水平。这意味着，如果测验中有很多较难的题目，那么对于潜在特质水平较高的答题者来说，测量的标准误差就会比较小。而潜在特质水平较低的答题者的测量标准误差会比较大，因为没有足够的题目去进行准确的测量。

- 根据题目水平对题目参数进行建模。这意味着如果一个测验发生了改变，我们只需要对新的题目施测来估计它们的参数，而不需要再进行整个测验。因此，测验的开发与更新的成本降低，耗时更少。

- 能力得分（θ）与所使用的题目相独立。这意味着如果有两套不同的测验，只要它们测量的潜在特质是相同的，它们的测试结果就是可以互相比较的。

- 题目参数不会随着常模样本的能力水平而改变。因此，可以采用群体中的一部分人来对题目进行预测验，计算得出的参数估计可以适用于整个群体。这使测验开发变得更为容易，因为不再需要获取具有代表性的样本。
- 项目反应理论使得自适应测试成为可能，因为测试题目可以混合搭配，即使不同答题者所回答的题目不同，他们的得分也是可以互相比较的。

验证性因素分析

项目反应理论探讨的是单个特质的测量问题，而因素分析关注的是多个特质之间的关系。传统形式的因素分析现在被称为探索性因素分析（EFA），这需要与验证性因素分析（CFA）所代表的潜变量模型区别开来（Brown，2006）。使用探索性因素分析时，即使没有说明，一般也都会假设我们对一些数据进行探索，并尝试识别其中隐藏的结构。但是在实际操作中，假如没有预先设定的理论假设，是没有办法对因素分析的结果进行解读的。因此，这可能会产生一些误导。在探索过程中会提取许多信息，让我们以因素数量为例来进行说明。一旦我们确定了所要提取的因素，这些因素就必须具有实际意义。单纯依靠 Kaiser 准则或者卡特尔碎石检验这些数学标准是不够的。我们需要定义每个因素，比如外向性、数字能力或者只是简单的默认效应。而一旦这样做，我们的模型就不再是与理论无关的，因为我们对这组变量提出了一个潜在的结构模型。有些人认为应该随后进行一个单独的实验去验证刚刚提出的假设是否成立，而这就是验证性因素分析要做的事情。

20 世纪 80 年代，随着结构方程模型的诞生，验证性因素分析首次从因素分析中独立出来。基本上，我们需要提前设定很多参数，比如因素数量、构成每个因素的题目以及题目的计分方向，然后通过最大似然估计等方法将数据拟合为潜变量模型，并检验模型的数据拟合优度。我们可以尝试几个不同的模型，并挑选出最佳的模型。通常情况下会有一个淘汰的过程，在这个过程中，我们可以逐步地去除约束条件，最终获得最简单的解。这一过程遵从简约性原则，即在其他所有条件相同的情况下，首选最简单的解。

验证性因素分析既可以分析参数数据，也可以分析非参数数据，因此尤其适用于项目分析。我们可以使用评定模型对二进制题目（例如，对与错或者是与否）进行分析，还可以使用逻辑斯蒂模型对分类选择题以及人格量表中的顺序数据进行分析（例如，"完全同意""同意""不确定""不同意""完全不同意"等类别）。传统心理测量学在使用探索性因素分析进行项目分析时，把测验中的二分数据或者顺序数据视为参数数据，这样的做法违背了一些基本假设，尤其是难度非常高或非常低的题目容易产生错误的结果。然而，我们也不应该完全放弃探索性因素分析方法。因为在探索阶段使用这种方法仍然很有价值，并且随着结构方程模型技术的发展，现在也出现了评定模型和逻辑斯蒂模型的变形。

第6章　人格理论

虽然"人格"这个术语在日常会话中很常见，但对"人格"做出准确的定义并非一件简单的事情。我们通常谈论的电视"人物"，以及被形容为"有个性"的人，都会使我们想起那种非常活泼、健谈、不易被忽视的人。

我们还把"人格"这个术语与一个人最突出的特征联系在一起。例如，我们可能会形容某人"平易近人"或者"盛气凌人"，也就是说，这些都是他最显著的人格特征，并且他倾向于以某种特定的方式应对各种场合。我们很难想象，一个一向较为害羞的人会突然成为社交聚会的焦点和中心人物，或者一个很容易被激怒的人在遭遇羞辱的情况下依然能保持冷静。所以，当我们对某个认识的人进行人格描述时，我们会假定他的人格特征在时间和空间两个维度上都具有相当的稳定性。

虽然"人格"这个术语在不同的情境中有不同的含义，但它是一个人们在日常生活中耳熟能详的用语。然而，就是这样的一个词语，心理学家们却不能在它的定义上达成共识，这听起来似乎有些不可思议。最早的人格理论学家之一——高尔顿·奥尔波特（Gordon Allport），早在1937年就在他的文献中列举了近50种不同的人格定义。自那时起，其他许多定义相继被提出。例如：

- 卡尔·门林格尔（Karl Menninger）："对个人行为最恰当和全面的概念化描述。"
- 乔伊·保罗·吉尔福特（J. P. Guilford）："个人独有的特质模式。"
- 高尔顿·奥尔波特（Gordon Allport）："个体内在心理物理系统中的动力组织，它决定了最具特征性的行为和思想。"
- 劳伦斯·佩文（Lawrence Pervin）："个体对环境的典型反应中体现的结构和动态特性。"
- 沃尔特·米歇尔（Walter Mischel）："用以描述个体在生活中因对环境的适应而形成的独特行为模式（包括思想和情感）。"

鉴于此，我们只能认为并不存在通用的人格理论，因此需要一种更实际的方法，即采用与应用目的相吻合的人格定义。

对人格定义各执一词的原因之一是心理学家都是从各自的理论观点出发来审视和定义人格。单一且包罗万象的人格理论和定义并不存在，也不可能存在。取而代之的是许多种不同的人格理论，这些理论各自的侧重点虽有不同，但相互之间却有着紧密的联系，这或多或少都有助于我们了解人格的真正含义。

人格的相关理论

接下来，我们将讨论现今心理学研究领域中的一些主要的人格理论，每种理论都有其自身的测评方法。例如，源于心理测量方法的问卷、精神分析取向中的投射技术、社会学习法中的行为评定量表以及人本主义理论中的凯利方格法。

各种理论研究方法在对人格概念的阐述上有着本质的差别。精神分析法认为人格是在生命的最初几年内形成的，此后相对不变，对性和攻击本能的控制需求对其起着决定性作用。相比之下，人本主义心理学家则强调，一个人在其自身经验的塑造中起着主动的作用，并认为一个心理健康的人会努力地实现自我，而并非简单地控制其本能。社会学习理论家和精神分析理论家一样，也采用了一种宿命论的研究方法，但是他们主要关注环境对行为的影响。正如第 1 章中所讨论的，心理测量方法的追随者把自己看作寻求事实的科学家，并将精神分析学家和人本主义者批判为非科学性的。

精神分析理论

西格蒙德·弗洛伊德 (Sigmund Freud) 的精神分析理论建立在"个体的人格展现了潜在的无意识过程"这一概念的基础上，并对人类剖析自我的方式产生了深刻的影响。精神分析理论由于无法被实证检验，因而不属于科学理论，但是弗洛伊德的成果使人们相信潜意识的存在，以及人类大部分的行为都因潜意识里的冲动驱使而产生。弗洛伊德认为，童年的思想与经历对成年后的人格形成起着重要的作用。但是这些早期的思想常常涉及性行为和暴力，所以不被认可，从而使其遭到了压抑。尽管童年的经历已被忘却，但它在成人的行为中依然扮演着至关重要的角色。

弗洛伊德将人格结构划分为三部分：本我、自我和超我。三个部分相互作用，同时具有各自不同的功能。本我是完全无意识的，它被认为是人格最深层次的核心，自我和超我在其基础上发展而成。弗洛伊德认为，新生婴儿是纯粹的生物体，具有强烈的性冲动和攻击欲望，而这些欲望的心理核心就是本我。根据弗洛伊德的理论，本我之中产生了这些欲望并形成了压力，导致本我变得非理性且冲动。迅速地释放这些压力遵循的是"享乐原则"，即为了释放压力，本我会针对欲望对象塑造一个内部的影像或者幻想。例如，饥饿的婴儿可能会幻想妈妈的乳房。但是压力的释放不能仅仅依靠幻想来实现，接下来就形成了自我来接替这一功能。

　　婴儿出生后不久，本我的一部分会发展成自我或自我意识。自我的形成允许婴儿通过理性思维应对其本我的欲望。自我必须区分内部的欲望和外部世界的现实，因此，自我由"现实原则"所控制，即在找到合适的对象前，个体需要对客观现实进行考察并延迟压力的释放。例如，自我使得婴儿推断出虽然现在不能得到妈妈的乳房，但在将来的某一时刻妈妈会给自己喂奶。这是早期延迟欲望满足的起始，延迟欲望满足指的是等待获得那些我们非常想要得到的东西的能力。由此可见，本我寻求欲望的即刻满足，而自我则在本我和外部世界之间进行协调，考察现实情况并延迟满足欲望的冲动，直到适当的条件出现。自我的一个主要功能是把性欲和攻击性的欲望转化为在文化道德上更适宜的活动。

　　超我是在自我的基础上形成的，它内化了父母及社会所间接设定的道德标准。超我通过内疚感来约束本我和自我不符合道德标准的欲望满足。根据弗洛伊德的观点，一个超我发展良好的人，即使没有他人在场，也不会屈服于暴力或者偷窃等不道德的行为。从本质上讲，超我就是良知，即区分好与坏、对与错的能力。

　　本我、自我和超我三者之间一直处于冲突的状态。本我试图表达本能欲望，超我则试图施加道德标准，而自我试图协调两者之间的平衡。弗洛伊德认为，如果这个系统失去平衡，将导致焦虑的产生，此时就需要一种防御机制。防御机制是多种通过扭曲现实来减少焦虑的无意识过程，具体表现为否认、压抑和退行。否认指的是个体拒绝承认现实中某些方面的存在，压抑指的是个体将导致焦虑的思想排除于意识之外，而退行指的是个体表现出其早期发展阶段的行为特征。

　　从精神分析的角度来看，个体人格的形成一部分源于如何解决本我、自我和超我三部分之间的冲突，另一部分源于他们如何应对童年时期不同发展阶段的问题。弗洛伊德认为，我们会经历五个性心理发展阶段——口唇期、肛门期、性器期、潜伏期和生殖器期。在口唇期（0～1岁），婴儿从吮吸中获得乐趣。在肛门期（1～2岁），幼儿从排便和抑制排便中获得乐趣。在性器期（3～6岁），儿童通过触摸生殖器官获得乐趣。人们认为正是在这个阶段，男孩会经历恋母情结的冲突，即他们对母亲的性欲和害怕被父亲阉割的恐惧之间的矛盾所导致的冲突。这个冲突会通过对父亲的认同得以解决。女孩也会经历类似的冲突过程，并通过对母亲的认同来解决。7 ～ 12 岁属于潜伏期，在这个阶段，儿童较少关注性欲。最后一个阶段是生殖器期，这个阶段的儿童进入了青春期，并开始体验成人的性欲感觉。

弗洛伊德理论的核心原则是，儿童在顺利度过各个阶段并到达生殖器期后将成为成熟的成年人。如果其中某些冲突没有得到解决，那么其心理发展可能会中断或"停留"在一个较早的阶段，从而影响成年后的人格。例如，一个"停留"在口唇期的人可能会缺乏节制，不仅体现在吃喝行为中，也包括其他更广泛的放纵行为（"口唇"人格）；一个"停留"在肛门期的人可能会过于强调整洁和节俭（"肛门滞留"人格）。弗洛伊德运用他的理论来解释多种心理现象，如梦境、口误和一些流行说法。例如"满身铜臭"（filthy rich）及"在金钱中打滚"（rolling in it）这些流行的表达方式，就表达了金钱和排泄物之间的某种潜在关系。因此，根据精神分析理论，人格在很大程度上取决于人生最初五年的经历。

弗洛伊德拥有许多追随者，但是他却非常不能容忍异议。许多亲近的同事对他大部分的理论都表示认同，但却对一些观点提出了异议。其中两个最有名的人是阿尔弗雷德·阿德勒（Alfred Adler）和卡尔·古斯塔夫·荣格（Carl Gustav Jung）。他们被认为是当代弗洛伊德主义者或新弗洛伊德派，因为他们采用了客体关系（object relations）的方法研究人格，即更重视自我的作用以及自我相对于本我的独立性，并且更加重视对父母的依恋和自我独立的形成过程。

人本主义理论

人格研究的人本主义流派关注个体的主观体验。不同于精神分析理论，人本主义心理学家的理论前提是，"人性本善，人并非性冲动和攻击欲望的产物；人有发展自己潜力（自我实现）的需求"。基于人本主义观点，人格发展的主要驱动力来自自我实现，而不是控制不良本能的需求。

卡尔·罗杰斯（Carl Rogers）是最具影响力的人本主义心理学家之一，就如弗洛伊德一样，他在与患者（罗杰斯称呼他们为"来访者"）的交流中建立了他的理论构思。罗杰斯是来访者中心疗法的创立者，来访者中心疗法既是一种治疗手段，也是一种了解人格的方法，该方法从本质上阐述了个体实现自身潜力的倾向。根据罗杰斯的观点，实现自身潜力的倾向（或称为"自我实现"）是人类共有的基本动机。因此，来访者中心疗法的主要目的在于帮助个体朝积极的方向发展。来访者中心疗法的治疗师并不会规定一套行动方案，而是扮演参谋的角色，以帮助个体决定他们自己所要选择的方向。

自我概念是罗杰斯理论的基本观念。他认为，一个人的所有经历都是根据其自我概念来评估的，而一个人对自身的感知对其思想、感情和行为有深刻的影响。例如，一名认为自己对女性有吸引力的男子在女性面前的行为表现将不同于认为自己对女性没有吸引力的男子。然而，一个人的自我概念并不总是能反映现实，这名男子认为自己对女性有吸引力，并不代表着女性真的认为他具有吸引力。根据罗杰斯的观点，自我概念与现实状态一致的人能很好地适应社会，而当两者不匹配的时候就会产生像焦虑这样的情绪问题。罗杰斯还提出了理想自我的概念，即我们所希望成为的那个人。当现实中的自我和理想自我较为接近的时候，人们通常处于健康的情绪状态。而当这两者之间存在巨大差异的时候，很可能会产生心理困扰。

亚伯拉罕·马斯洛（Abraham Maslow）是人本主义心理学发展过程中的另一个重要人物。虽然他采用了与罗杰斯类似的方法，但是更为人们所熟知的是马斯洛提出的需求层次理论（hierarchy of needs）。马斯洛指出，个体的行为受到一系列需求的驱动，起始的需求来自饥饿和口渴等生理需求，更高一层的是对安全感和被爱的需求，而终极的需求是寻求自我的实现和发挥自身的潜力。只有当低层级的需求至少被部分满足时，较高层级的需求才会开始驱使我们行动。马斯洛认为，如果我们把所有的精力都消耗在寻找食物上，我们就不太可能会致力于探索更广阔的环境，也不会去追求美丽。只有当我们的基本需求得到满足时，我们才会把注意力转向更高的层次。

马斯洛对那些已达到最高层级，即自我实现的人尤为感兴趣，并开展研究来确认这些人与其他人有什么区别。他发现，达到自我实现层级的大学生能非常好地适应社会。他还研究了诸如阿尔伯特·爱因斯坦（Albert Einstein）和埃莉诺·罗斯福（Eleanor Roosevelt）等杰出人物，发现他们都具有以下特点：

- 他们能有效地感知现实并容忍不确定性。
- 他们能接受自己和他人的本来面目。
- 他们的思想和行为是自发的。
- 他们以问题为中心而不是以自我为中心。
- 他们拥有良好的幽默感。
- 他们具有高度的创造性。
- 虽然他们并非故意违反传统，但是不会遵从某种文化。

- 他们关心人类的福祉。
- 他们能深刻地体味基本的生活经历。
- 他们只与少数人建立深厚、舒适的人际关系。
- 他们可以从客观的角度审视生活。

虽然人本主义心理学家不否认生物和环境的因素会影响人格的发展，但是他们更为强调个体自身的积极作用。心理学家如罗杰斯和马斯洛认为，自我实现是心理健康的关键。人本主义理论家乔治·凯利（George Kelly）在评估技术的发展中扮演了至关重要的角色，他基于其个人构念理论创立了凯利方格法。

社会学习理论

社会学习理论强调社会环境对个体行为影响的重要性，并以此来理解人格的形成，即行为是在与环境的互动中习得的。个体行为的差异可以看作是由学习经验的差异造成的。

根据社会学习理论，行为是通过强化和示范这两种方式习得的。强化的过程遵循以下原则：行为因为其结果而发生变化；带来有利结果的行为更可能被重复，而没有得到奖励或者反而受到惩罚的行为可能不会被重复。例如，社会学习理论家们认为，不同性别间的行为差异是男孩和女孩间不同的强化过程的结果。对儿童来说，许多行为的结果取决于他们的性别：相较于男孩，女孩玩洋娃娃的行为通常能获得更正面的回应。相较于女孩，男孩玩汽车和卡车的行为更可能得到强化。由于这些行为会因儿童的性别而产生不同的结果，因此男孩和女孩在这些行为的频率上产生了差异：女孩比男孩更经常玩洋娃娃，而男孩比女孩更经常玩汽车和卡车。

尽管强化机制在行为的塑造上具有强大的影响力，但是在缺乏强化的时候，社会学习也能通过观察和模仿他人来实现。这一过程被称为示范或观察学习。我们还是以不同性别间的行为差异为例，同性个体的示范对于性别角色的发展进程非常重要。儿童通过观察学习了解男性和女性的性别角色行为。但他们更有可能去模仿同性别的行为模式，原因在于他们认为这样会带来更为有利的结果，而且他们更加看重对于自己性别来说合适的行为。

虽然示范现今已被看作社会学习中的一个重要方面，但是这一过程的运作机制似乎比预想的更为复杂。阿尔伯特·班杜拉（Albert Bandura）等认知社会学习理论家认为，认知技能在示范作用中发挥着根本性作用。这些技能包括对人进行分组的能力、识别组内个体相似性的能力，以及在记忆中存储该组行为模式并将其用于指导行为的能力。

沃尔特·米歇尔是一位颇具影响力的社会学习理论家，他指出了若干影响行为的认知过程，例如在社会环境中对信息的选择性注意，以及对不同行为结果的预期。米歇尔认为，认知过程的个体差异导致了在相同情况下不同个体的行为差异。而对于班杜拉来说，自我效能，即个体对自己能力的判断，是决定我们行为的一个基本认知过程。

由于社会学习理论强调社会背景在决定一个人是否会以某种方式行事方面的重要性，因此这些理论家并不支持人格特质的观点，即个体在所有情境下都会表现出一定的特征。与此相对的是，例如，在一种社会环境中（如在工作环境中）感到害羞的个体不一定会在另一种环境中（如在健身房）也感到害羞。尽管人们普遍认为社会环境会影响一个人的行为，但大部分人格理论家和研究学者均认为，人会在不同的环境中表现出不一致的行为这个观点过于极端。

行为遗传学

虽然行为遗传学并非人格理论，但是它对人格个体差异的科学研究产生了相当大的影响。进化心理学家和社会生物学家都热衷于采用这一备受争议的方法，该方法将研究重点放在比较同卵双胞胎和异卵双胞胎的人格差异上。对于同卵双胞胎来说，他们拥有相同的基因；而对于异卵双胞胎来说，他们之间的基因相似性与非双胞胎的兄弟姐妹并无区别。这些研究对每种类型的双胞胎都采集了大量的样本。对于每一项进行了心理测量学评估的人格特质，可对比每对同卵双胞胎及异卵双胞胎各自之间的平均差，从而判断这项人格特质在多大程度上由遗传决定。一些研究表明，外向性、神经质等人格特质的确遵循遗传的原则。然而，人们现今普遍认为，我们遗传的是以特定方式行事的倾向，而我们在环境中获得的经验会加强或减弱这一遗传的倾向。因此，心理学家现今提出的问题已不再是"特征 X 是由基因决定的还是由环境决定的"，而是"环境是如何与遗传倾向相互作用，以增强或削弱特征 X 的"。

让我们以男性和女性的不同性别角色行为为例对上述观点进行阐述。人们常常认为，许多男孩天生就比女孩更活跃、更好斗，而且对卡车、枪支等玩具更感兴趣；许多女孩对粗野动作更不感兴趣，而对洋娃娃、珠宝和打扮更感兴趣。行为遗传学家指出，性别间的主要遗传差异在于 Y 染色体的存在与否，因为 Y 染色体与雄性激素（男性荷尔蒙）的产生有很大的关系。因此，男孩对男性角色行为的倾向可能与其较高的睾丸激素水平有关。而女孩的行为则可能与其在胎儿期受到较低雄性激素水平的影响有关。然而我们也知道，父母对待子女的方式亦存在差异，导致他们形成了不同的性别定型行为。

那么，是什么原因造成了男孩和女孩行为之间如此明显的性别差异呢？可能基因和环境都发挥了作用，最为重要的是这两者之间的相互作用。虽然男孩和女孩在出生时就可能带有性别定型的行为倾向，但是父母和其他人对不同性别的反应又促使男孩和女孩朝不同的方向发展，从而在一些行为方面产生了更为显著的性别差异。然而，性别差异并不具有必然性。在他们人生的某个时刻，他们可能会选择相反的行为。并非所有的男孩和女孩都会按照性别定型的方式行事，两性之间同样存在重叠的区域。性别角色行为的表现也存在文化差异（在一种文化中被认为是男性的活动可能在另一种文化中被认为是女性的活动），这些文化差异证明了环境对塑造个人行为特征的重要影响。在日常生活中，我们所感受到的态度和定型行为，以及我们自己的选择，都对我们如何行事产生了深远的影响。

行为遗传学另一个备受关注的行为特征是攻击性。虽然在双胞胎研究中有证据表明，攻击性的倾向来自遗传，但一个人表现出攻击行为的程度和方式却主要取决于其所处的社会环境。在童年和青春期，个体的攻击行为会因其家长的反应而被抑制或加重。研究还表明，社会大环境对此亦起着至关重要的作用。例如，在那些对暴力行为接受程度较高的亚环境中长大的男孩更有可能使用暴力。

随着基因鉴定技术的快速发展，科学家们已经能够识别导致像亨廷顿病和囊性纤维变性等疾病的特定基因，也试图识别决定特定行为特征的单个基因。例如，有人提出，寻求刺激这一行为特征的基因可能是单基因，而情绪化这种特征则是多基因的。在这类观点被证实以前，还不能对它们的意义妄加评论。同时，越来越多的人意识到，大部分的行为特征，在其受基因影响的范围内，往往都是多个基因而不是单个基因对相互作用的结果。

类型理论与特质理论

类型理论学家提出，所有人都可以被划分为不同的类别，而这些类别具有本质上的区别。早在公元前 400 年就出现了最早的对人的分类。古希腊的希波克拉底（Hippocrates）认为有四种人格类型（抑郁质、多血质、胆汁质和黏液质），这四种类型与四种占主导地位的体液一一对应：黑色胆汁表现为抑郁

（郁闷、悲观、情绪化）；血液表现为乐观（自信、快乐、满怀希望）；黄色胆汁表现为易怒（性急、暴躁）；而黏液表现为冷静（平静、冷淡、漠不关心）。

　　由荣格提出的类型理论是最具影响力的类型理论之一，基于这一理论产生了迈尔斯-布里格斯人格分类法（Myers-Briggs Type Indicator，MBTI）。该理论提出，可以通过四个维度对人进行分类：外向型或内向型，感觉型或直觉型，思考型或情感型，判断型或感知型。答题者被划分到每个维度的某一种类型中，而四个维度类型的组合构成了他们的整体人格。例如，ENFP 类型（外向、直觉、情感、感知）的人被描述为满腔热情的改革者，他们非常善于处理人际关系。西奥多·米伦（Theodore Millon）在其人格类型量表 (Millon Index of Personality Styles) 中也采用了对人进行分类的方法，例如，他把答题者划分为腼腆的或者外向的，个性化的或者培育性的，以及抱怨的或者附和的。

　　特质理论的起源可以追溯到智力测试运动的发展时期，尤其是高尔顿和斯皮尔曼的研究成果。根据特质理论的观点，人格的差异可被看作是连续的，即特定的人格特征在一个连续的维度上存在强度的不同。特质理论的优势在于，能够根据一个人表现出一系列特定特征的程度来对其进行描述。相比之下，类型理论采用的则是全或无的方式，一个人只能属于或者不属于一个特定的类别。

　　事实上，类型理论和特质理论的区别并不像看上去那样清晰。艾森克在 1970 年出版的专著中，借用希波克拉底的四种人格类型对两者之间的关系进行了说明。他认为，这四种人格类型可以用外向性和神经质这两个相互独立的特质来表征，而一个人可以较多或者较少地展现每种特质。因此，有的人更为外向，有的人更为内向；有的人表现出较高的神经质，有的人表现出较低的神经质。根据人们在这两个维度上的位置，可以划分为抑郁、乐观、易怒和冷静四种类型。

　　尽管类型理论和特质理论表现出了概念上的差别，但是这两种模型在实际运用中却非常相似。同一测试既可以被看作特质测试，也可以被看作类型测试。这是因为测试分数可以采用两种不同的解读方法：我们既可以认为测试的分数代表了个体在一个连续性特质上的实际分数（即个体在某种特质上的表现程度），也可以将测试分数与一个特定的分界点相比较，来判定个体具有某种类型人格的概率。

　　例如，假设某人在一个 24 分制的内向性 / 外向性量表上取得了 3 分，低分代表内向性，高分代表外向性，两者的分界点为 12 分，那么这个分数表明，这个人有极大的可能被划入内向的类型，而不太可能是一个外向的人。假如得到了 12 分，则表明划入内向型和外向型的概率相等。对于那些在测试中取得 11 分的人，他们具有内向型人格的概率比具有外向型人格的概率稍高。因此，一个人在任何外向性量表上的得分都可用于代表其在内向性-外向性这一维度（特质）上的位置，也可用于标记这个人属于外向型或内向型的概率。然而，在实践中，基于类型理论的量表为了将人们划分为内向和外向两种类型，通常不会采用连续的分数。

人格测评的不同方法

自陈式量表技术和人格剖面图

自陈式量表给出一系列题目，并要求答题者依据对自己的看法做出回答。最为广泛应用的自陈式量表有卡特尔 16PF 测验（16 personality factor questionnair，Cattel，1957）和 OPP 职业人格量表（Occupational Personality Profile，Saville et al.，1984），它们均可在线上施测，不过在某些情境中人们更倾向于采用单机或者纸笔测试的方式。Orpheus 职业人格量表（Orpheus Business Personality Inventory OBPI; Rust，2019）也是常见的自陈式量表，该测验针对职业领域的五大人格特质以及七大品格特质提供测评解决方案。自陈式量表的优点包括：

- 使用便捷，易于施测。
- 计分方法客观。
- 可直接获取答题者的作答反应。

自陈式量表的局限性有以下几点：

- 答题者对自身的了解可能不够准确。
- 他们可能试图美化自己的形象。
- 他们可能会参照他人的期许作答。
- 难以判断答题者是否谨慎认真地完成量表。

自陈式人格测试通常会以人格剖面图的方式来报告其测量结果。人格剖面图不会单独呈现一个测试的分数，而是呈现多个子测试的分数，以便进行相互比较。在一套人格测试中，通常会有多达 20 个子量表的题目存在，它们随机地穿插在一起，只有在计分时才会汇总在一起。之后，题目的原始作答及原始分数会进行标准化处理，而这些标准化的子量表分数会通过剖面图的方式展示出来。如图 6.1 所示，不同的子量表沿纵向依次呈现，横向代表每个子量表的分数，通常采用标准九分计分，其中 1 分为最低分，9 分为最高分，5 分为中点。

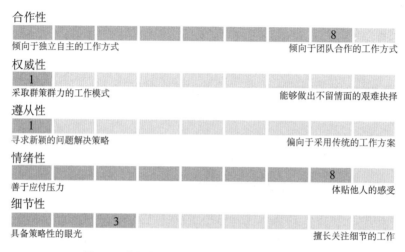

图6.1　人格剖面图示例（取自职业人格量表）

　　明尼苏达多项人格测验（Minnesota Multiphasic Personality Inventory, MMPI）是最早采用剖面图系统的量表之一，该测验目前仍在使用，为剖面图技术提供了一个很好的范例。MMPI 是作为一种广谱人格测试开发的，通常用于精神病院的病人入院测试。该测验包含 400 多道类似于人格测试的题目，例如：你是一个精神紧张的人吗？你有时会听到（不存在的人对你说话的）声音吗？你是否感到有坏人想来抓你？这些题目构成了一系列子量表，而这些子量表组成了完整的问卷。MMPI 含有以下子量表：疑病症、抑郁、癔症、心理变态、偏执、精神衰弱、精神分裂、轻度躁狂和性别取向（男性化 / 女性化）。每个子量表单独计分，并分别进行标准化。个体在 MMPI 中的子量表得分会以剖面图的形式呈现出来。剖面图中有问题的区域会凸显出来——峰值越高，表示心理障碍越严重。通过观察大量剖面图，精神科医生得以迅速识别出标识常见症状（如妄想型精神分裂症）的普遍模式。

　　熟练使用 MMPI 剖面图可以为临床医生节省大量的时间。明显的心理障碍很容易识别，难以识别的也会立即显现出来，并且有关数据可以以一种标准的方式进行整理，供所有医生使用。虽然专业人士使用这些剖面图的方式各不相同，因为这取决于个人的判断，而测验只是辅助人为过程的工具，但是所有的子量表都遵循同样的信度、效度和适当的标准化原则，这和单一的更长的量表没有任何区别。因此，按照心理测量学的方法构建一个剖面图系统远比编制一个单一的测试更为复杂和耗时。

他评

他评这种方法指的是由熟悉测评对象的人对其进行评价，例如，由主管或级别更高的同事进行评估。此种评估通常采用等级量表来进行。其优点包括：

- 评估不受到测评对象可能希望塑造的形象的影响。
- 评估以个体在工作中的真实行为为基础。

这种方法也有以下局限性：

- 评定优秀工作表现的相关标准难以界定。
- 评估者所给出的报告取决于他们对测评对象的了解程度。
- 评估者所给出的报告可能受到其自身对测评对象的好恶程度或者私下了解（例如既往资历）的影响。
- 评估者可能会因测评对象获得正面或负面的评价而获得某种利益。
- 评估者可能不具备评价测评对象的能力。
- 评估者可能倾向于对所有测评对象都给出正面、中性或者负面的评价。
- 评估者持有的刻板印象（例如对职场中男性或女性的角色偏见）可能对其报告产生影响。
- 评估者可能不愿意提交负面的评价。
- 评估者可能会对不受欢迎的测评对象存在偏见，即使这些人具有出色的工作表现。

在线数字足迹

基于在线数字足迹的人格分析亦为他评的一种形式。然而，随着隐私保护法律的出台，例如欧盟的《通用数据保护条例》（General Data Protection Regulation，GDPR），该方法受到越来越多的争议。同样，这一方法也可能出现偏差，例如：

- 这一方法所基于的在线数字足迹由用户自己创造而成，尤其是在社交网络上，这些数据通常都试图营造美好的形象。

- 这些数据可能并不完整，因此预测中存在的误差量会发生很大变化。
- 一个人在家庭环境中的言行可能与他们在工作情景中的表现没有任何关联。
- 在未事先获得许可的情况下，使用该数据可被视为侵犯隐私。

在网上搜索应聘者的行踪是招聘人员的常见做法，诸如领英这种社交网络就是专门为此而设立的。然而，这一做法却存在争议，并且很难对其进行立法，特别是在没有保留此类入侵记录的情况下，或者是当使用人工智能和手机应用程序来解读相关数据的时候。

情境评估

情境评估指的是对个人在类似工作环境的情境中的行为进行评估。用于测评的情境可能是现实生活的再现或基于测项目的建立的模拟情境。例如，在宇航员的选拔过程中，一个必不可少的环节是把候选人员置于模拟航天器的条件下，以评估其对实际任务中可能遇到的压力源的行为耐受性。在组织情境中依据绩效进行评估的一个例子是数字化"收文篮"技术。采用这种方法时，测评对象会收到一个满载信件、备忘录等文件的收文篮，并需在限定的时间内对这些文件进行处理，评估时所参照的标准包括决策能力和解决问题的能力等。情境评估的优点是它的取样来自个人在相关情境中的真实行为，而局限性在于耗费时间与金钱。

投射测试

在投射测试中，个体会看到诸如墨迹或图片等模糊的刺激物，并将他们内在的需求和感受"投射"其中。其基本假设是，个体对刺激物的结构感知反映了其人格。罗夏墨迹测试（Rorschach inkblot test）大概是最具知名度的投射测试。该测试由 10 张墨迹图组成，答题者需要回答他们在每张图片中看到了什么么。测试的计分考虑了多个因素，例如回答的内容、构成回答重点的墨迹部分以及回答所需的时间。主题统觉测试（Thematic Apperception Test, TAT）使用图片作为投射刺激物，要求答题者回答以下问题：图片中的情景可能是由什么事件导致的，图片中正在发生什么，以及结果可能会是什么。投射测试具有以下优点：

- 它是一种间接的人格测评，因此较难猜测为社会或他人所期许的答案是什么。

- 测评对象可以根据个人意愿以任何方式作答，而不受标准应答方式的限制。
- 测评对象的作答同时反映了其无意识和有意识的思维过程。

投射测试的局限性在于：

- 对于作答的含义没有明确的共识。
- 测试程序相对于外部标准来说缺乏效度。
- 测试环境可能对测评对象的作答造成影响，例如施测者的特征等。
- 测试的计分取决于施测者的专业知识。
- 测评对象的作答具有情境依赖性，这导致测试分数信度较低。

行为观察法

有些测试会采用行为观察的方法，即系统地观察一个人的行为，通常是关注其目标行为的前因后果，从而制定干预计划。行为观察最常用于临床环境中对行为问题的评估。例如，可以在超市或公共交通工具上观察患有陌生环境恐惧症的人，以此评估与其焦虑发作相关的因素，以及该患者对引发焦虑的情境做出反应的后果。在工作场所，行为观察可用于评估一个人交流信息或提供反馈的能力。行为观察的优点在于，它直接评估实际的行为，从而得以确认一个人是否可以胜任某事，而不仅仅是认为其能力如何。该方法的局限性包括：

- 施测费时。
- 仅能对行为的部分样本进行评估。
- 在被观察时，行为可能会发生变化，我们观察到的可能是一个人的最佳表现，而不是其在不被观察时的日常表现。

任务绩效法

任务绩效评估是指对个体在小组环境中执行相关工作的能力进行评估，该方法与情境评估具有一定的相似性。在领导能力评估中，一个广泛使用的例子是无领导小组，即要求一组人在没有领导者的情况下执行一项任务。小组中每个人的行为以及整个小组的行为都被观察记录，并按照一系列特定的标准进行评定，这些标准可能包括一个人在团队中工作、沟通及控制的能力。这种方法的优点在于，它给出了个人在相关工作任务中实际行为的样本。然而，这种方法也存在以下局限性：

- 该方法耗费时间与金钱。
- 测评对象可能会因为知晓其正在被评估而改变自己的行为，此外，其行为也可能会受到团队中其他人的影响。
- 测评对象在模拟情境中的表现可能和平时不同。
- 由于评估而产生的压力可能会影响测评对象的最佳表现。
- 该方法依赖于观察者的技术和诚信。
- 评分者信度可能较低。

多道生理记录仪（测谎技术）

传统的"测谎仪"测试现在大多数都是非法的，除非是在司法鉴定的流程中，国家机关或登记在册的组织才允许使用。该类测试的用途通常仅限于在评估过程中识别不诚实的行为。所采用的生理指标包括脉搏、血压、呼吸、脑电波和皮肤电反应（与出汗相关的皮肤电阻变化）。这类指标已被非常普遍地用于评估一个人在压力情境下的反应。测谎仪，即多道生理记录仪，会记录人体在回答具体问题时的生理状态（如脉搏和皮肤电反应），并以图形的方式展示出来。据称，说谎会导致生理反应发生变化，并反映在测谎仪输出的图形中。这种技术的优点在于，测评对象无法轻易地伪造他们的作答反应。其局限性包括：

- 没有明确的证据表明，所检测到的生理变化的起因是撒谎，而不是其他原因所导致的情绪状态的改变。
- 假阳性结果会导致测评对象在说真话却被指控撒谎的风险。
- 该方法的效果取决于评估者的专业知识。
- 该方法的效果也取决于测评对象的心理状态。
- 测评对象的反应可能会受到评估者行为的影响。
- 该方法侵犯了个人的隐私。

凯利方格法

凯利方格法源于由乔治·凯利开发的个人构念理论，该理论提供了一个用于理解和评估人格的框架。这种方法假设每个人对事件的解释（或"构念"）都是不同的，并旨在引出个体通常用来理解他们的世界的特定构念。构念可以通过要求一个人陈述两个人之间相似但不同于第三个人之处的方式推导得出。例如,可以从某人生命中重要人物的列表中选取陈述对象,询问他的父亲和弟弟之间相似,但与他的妹妹不同的地方。当重复询问不同的三人组时,就可以发现这个人用来组织他人信息的构念(即他看待自己的社会环境的方式)。这些构念可能是紧张与轻松,喧闹与安静,或勤奋与懒惰。比如,如果一个人认为人们紧张与放松的程度有所不同,那么这个观点就被视为这个人的构念之一。该方法的一个示例是角色构念方格测验(the Rep Test),该测验旨在识别与各种角色相关的个人构念,例如"老板""不喜欢的同事""喜欢的熟人"等。这种方法的优点包括:

- 它可以针对特定的人和特定的情境进行调整。
- 难以直接看出什么是可以接受的反应。

其局限性如下:

- 有效使用该方法对专业知识的要求较高。
- 经常需要为不同的目的制作新版本。
- 每个版本的信度和效度有待验证。
- 要求测评对象在相关元素的选择上予以配合。

偏差的来源和处理方法

有意或者无意的行为均可能会破坏人格测评的结果,并产生偏差。例如,测谎量表中有这样一道题目:"在我的一生中,我从未忘记归还我借来的任何东西。"如果有人对这道题给予了肯定的答案,那么要么他在说谎,要么他发自内心地认为这是个事实。为了减少扭曲作答对测评的破坏,可以从测试的编制、施测和计分等方面加以考虑。我们应该查阅测试使用手册,以确定采用的步骤是否正确,从而尽量降低测试失真的可能性。鉴于对测评的破坏所带来的风险,我们还应考虑测试环境以外的相关证据,例如他人的证词等。具体的破坏测评的手段和相应的处理方法如下所述。

自陈式量表技术与人格剖面图

如果答题者热衷于以有利的方式来表现自己,就会破坏测评的结果。他们可能会公然撒谎，要么简单地回答他们所认为的"正确答案"，要么更巧妙地根据设想中的成功候选人的形象来作答。他们还可能会以不认真的态度作答，只是敷衍地把问卷从头到尾做一遍，比如随机作答，或者用相同的答案（例如"不同意"）回答问卷中相当多的一部分题目。

这些问题可以通过以下方法解决：

- 使用内含测谎量表的问卷。
- 删除问卷中常见的容易引发虚假作答的题目。
- 在测试前告知答题者该测试具有测谎功能。
- 在问卷中，对于所测量的每一项人格特征都要保证利弊两方面题目间的平衡。
- 在问卷中使用不易察觉最佳选项的题目。
- 确保随机答案只会生成中立的分数或结果。
- 告知答题者该测试能够识别随机作答。
- 当答题者从头到尾都给出相同的答案时，确保评分系统拒绝这种作答模式并重新施测，也可以在开发量表时剔除那些可能导致以错误方式进行作答的题目。

他评

评估者可能会出于对其自身利益的考虑，以赞许的态度来评价测评对象，因为这会对他们自己产生积极的影响，比如，当评估者本身就负责培训测评对象的时候。评估者和测评对象之间也可能出现串通的行为，例如，评估者可能会让测评对象对自己进行评估。此外，评估者可能会对他们不喜欢的人给予负面评价，而给予他们喜欢的人更为正面的评定结果。评估者有时也可能违背测评表中的要求，例如在测评中忽略一部分内容。

这些问题可以通过以下方法来处理：

- 制定具体的评估标准，并对评估者进行全面的准确性和公平性培训。
- 仔细地监控评估过程。
- 选用多位评估者。
- 选用独立的评估者。
- 采取措施确保评估者理解评估的目的及他们在其中承担的责任。
- 告知评估者不可以由测评对象进行自我评估。

- 允许测评对象对评估者的资格进行审查。
- 监测评估者的诚信水平，确保评估表由专家编制且通过预测试。

在线数字足迹

数字足迹有时可能是虚假的，即便不是虚假的，它们通常也是由创作者精心构建的，目的是塑造一个积极的形象，让其他人以对其有利的方式与其互动。此外，数字足迹的问题还在于，数字足迹通常由不具备人类洞察力的机器学习算法进行评估，特别容易出现一些人类可以立即发现的偏差。例如，如果用户有许多年轻的"朋友"，而这些人实际上是该用户的学生或者孩子，那么他的年龄可能会被低估。随着机器变得越来越复杂，这种情况会得到一定程度的改善，但错误可能仍然会经常出现。唯一不同的是，此时人类不会那么容易发现错误，因为这些错误很可能来自机器所采用的复杂的深度学习策略，而这超出了人类思维的理解范畴。目前，这些系统的使用只受隐私法的调节，不受其他方面的监管。即使这种情况可能会发生改变，人工智能系统也有可能通过使用派生数据等方式始终保持大幅度领先。

情境评估

测评对象可能会以不认真的态度面对评估。对此，可以通过独立监测测评对象对评估的态度来加以管理，但是他们的行为也可能会由于他们知道自己正在被评估而受到积极或消极的影响。测评对象在模拟情境中的表现可能会有所不同，这并不奇怪。他们的动机也会有所不同，而参与情境评估的压力可能会影响其最佳表现。这种方法的成功在很大程度上取决于评分者的技能和诚信。虽然情境评估的评分者信度通常较低，但是这可以通过对既定的评分准则进行修改得以改善。

投射测试

投射技术的优点之一是在大多数情况下没有明显正确的答案。尽管测评对象可能会谎报他们在墨迹或模糊图形中看到的内容，但是要猜测"正确"答案是什么还是不太容易的。测评对象往往对他们可能透露的内容持谨慎态度，例如，关注性的象征意义。然而，事实上，评分系统很少涉及这些内容。此外，测评对象可能不配合测试任务，或者视其为一个笑话。这可通过以下方法来处理：选用富有经验的、能够识别不合作行为的施测者完成测试，并对施测者进行培训，指导其与测评对象建立融洽的关系，使测评对象以开放的态度参与测试。

行为观察法

原则上，在测评对象不知情的情况下进行观察，是获取信息的绝佳方式。然而，这会涉及明显的伦理问题，而且法律很可能会要求大多数评估都需事先获得测评对象的知情同意。在这些情况下，测评对象往往只会展示其最积极正面的行为。对此，我们可以通过对测评对象进行长期观察或随机间隔观测的方式，对其在一定程度上加以管理。

任务绩效法

测评对象可能会选取预期的角色（例如在无领导小组中担任领导的角色），而不是最适合他们自己的角色（例如担任下属的角色）来表现自己。他们可能会故意不配合任务中的其他竞争者，或者在评估中表现出他们认为必需的行为（例如在"收文篮"任务中采取强硬的决策），而不是其在实际工作中的行为（例如在必要的时候不能做出强硬的决策）。一般来说，这为测评对象提供了机会，以展示他们的最佳表现（例如在评估期间表现得非常勤奋），而并非他们在实际工作中的真正表现（例如懒惰）。

这些问题在某种程度上可以通过以下方法加以处理：

- 尽可能使任务内容真实化。
- 选用富有经验和经过良好培训的评估者。
- 监测测评对象对整个小组工作的贡献，而不是仅仅对其领导能力进行考察。
- 确保测评对象无法轻易猜到最佳作答方式。
- 延长任务时间并确保任务具有足够的挑战性。

多道生理记录仪（测谎技术）

知情的测评对象能够学会如何控制心理生理反应，如通过握紧拳头来对每个问题都产生皮肤电反应；或者通过产生欺骗性的想法来误导机器，如放松地思考而非专注于答题。处理以上这些问题需要仔细设计访谈来检测蓄意操纵测评的行为，例如观察测评对象在回答中性问题时皮肤电反应是否会增强。

凯利方格法

凯利方格法基本类似于自陈式量表，因此其结果也会受到同样的影响，尤其是当测评对象以对其有利的方式展现自己，或者根据理想中成功人士的方式答题时。这个问题可以通过谨慎的预研究进行处理，可在预研究中模拟扭曲作答的情境，从而对其进行识别，此外，还需要确保测试的开发有在识别虚假作答方面受过训练的专家参与。

非正式的人格测评方法

非正式的测评方法，如非结构化面试，特别容易受到评估者而非测评对象的影响。其类型包括种族偏见、性别偏见和残疾偏见，以及对老年人的歧视、对同性恋的歧视和基于社会等级的歧视。对于较为正式的评估方法而言，精心构建的评估程序应该在开发过程中考虑到以上这些形式的潜在偏差，消除它们的影响，或将它们减少到最低限度。最好通过参考测试使用手册或查阅研究文献来检查有关事项是否已经得到妥善处理。同时，应该时刻留意评估者自身的原因直接造成偏差的可能，并且最好能够参照组织内的机会均等政策来对评估者进行筛选和培训。此外，还应该监督测评的流程，例如高级职位选拔中的性别监督，以便发现并纠正不平等的现象。

我们应当认识到，偏见并不是心理测评所独有的，它是日常生活中社会互动的一部分。然而，人们倾向于根据一个不存在偏见的完美世界来评价测评工具中的偏差，这是不切实际的。相反，应该将测评工具中出现的偏差与可替代的其他测评程序中存在的偏差进行比较。因此，问题不应该是"这个测试是否存在偏差"，而是"这个测试是否比其他方法有更大或更小的偏差"。事实上，与面试等非正式的测评方法相比，正式的测评手段通常有更多的机会来减少偏差，因为在测试的开发过程中，我们可以识别并排除导致差异性作答的题目，例如，男性和女性之间存在明显差异性作答的题目。然而，在面试过程中，由于面试官对男性和女性潜在的刻板印象，他可能会对男性和女性候选人提出不同的问题。这些刻板印象在我们的社会中无处不在，它们可能会演变，但却不会消失。客观测评技术的一个主要优势就在于，它提供了一种机制，可以监测并降低社会刻板印象所导致的偏差。

状态测量与特质测量的对比

　　一些测量工具测评的是个体在测试当下的心理状态（状态测量），而另一些测量工具则用于测评个体行为的一般模式，即他们通常的表现（特质测量）。多道生理记录仪的测量就是状态测量的一个例子，而卡特尔16PF测验和Orpheus职业人格量表等人格量表都属于特质测量。某些测试同时包含状态测量和特质测量，其结果可以对照个体的一般特质来解释当前的状态。比如，用于测量焦虑的斯皮尔伯格状态-特质焦虑问卷（Sate-Trait Anxiety Inventory），其中的状态焦虑问卷要求答题者根据当时的感觉作答，例如"我感到平静"，而特质焦虑问卷则要求答题者根据自己通常的感觉来回答问题。另一个类似的例子是贝克抑郁量表（Beck Depression Inventory, BDI），该量表评估一个人是否在大部分时间里通常处于抑郁情绪状态，而状态测量旨在了解其在特定的某一天或某一周的情绪。

迫选式量表

　　迫选式量表所采用的题目要求答题者在两个选项中选择一个。以职业偏好量表为例，非迫选式的题目可能会询问一个人是否想成为一名工程师，而迫选式的题目则会询问他更想成为一名工程师还是一位化学家。这种迫选式的题目在区分同一领域内的职业方向时特别有用，例如建筑师与室内设计师这两种职业的对比。参照常模测验的方法来解释迫选式测试的结果存在一定的风险，举例说明如下：假设甲对工程学的兴趣度为8分，对化学的兴趣度为12分，甲会被建议从事化学相关的工作，而乙对化学和工程学两个学科的兴趣度分别获得了15分和20分，因此被建议在工程行业发展。然而，由于采用了迫选式量表，我们并没有意识到乙比甲的化学兴趣度得分更高。迫选式测试广泛应用于就业指导领域。例如，杰克逊职业兴趣调查表（Jackson Vocational Interest Survey）要求答题者在不同选项间做出选择（如"参与校园剧表演"和"教儿童写作"），测试结果包含工作稳定性、主导型领导力和精力等维度。

　　某些人格及品格测试也会采用迫选式的方法。例如，由培生测评出版的Giotto品格测验就是一套用于职业测评的迫选式量表。在该测试中，答题者会看到许多组形容词，诸如"宽容"与"稳妥"。答题者需要在其中选择最符合自己的一项。Giotto 量表的得分旨在用于识别答题者个性特征中最强和最弱的方面。迫选式量表的一大优势在于可以迫使答题者在社会称许性相似的选项之间做出选择，从而有效减少答题者"装好"的现象。

在迫选式测试中，认可某一量表中的题目必然意味着不认可相比较的量表，因此每个量表获得的总分并不独立于其他量表的分数。迫选式测试的分数最好参照同一个人在同一测试中其他量表的分数来解释，而不能作为类似于常模测验中的绝对分数，在人与人之间进行比较。常模测验的优点在于所有的量表都相互独立。常模测验受到了统计学家的青睐，一个原因是其量表间的独立性允许在数据分析时运用各种不同的统计方法，例如用于评估信度的相关分析，另一个原因是每一个维度都可以相互独立地解释。然而，在常模测验中，答题者有可能在所有的量表上都取得高分。而迫选式测试的优点在于它迫使答题者在各个特征之间根据其重要性进行排序。

虚假效度和巴纳姆效应

表面效度对于人格测评比对于能力测评更为重要。如果答题者认为测试问题与理应测评的内容有出入，那么他们很可能在测试中不予配合。例如，如果在用于工作招聘的问卷中加入家庭、性取向或宗教信仰相关的问题，许多人会认为这些问题是不适宜的，故而拒绝回答。曾经就有招聘方因使用包含此类问题的问卷而被起诉的情况。

检验测评工具表面效度的一种方法是判断其名称以及量表名称能否被答题者接受。例如，相较于"情绪化"量表，"神经质"量表更可能使答题者感到不快。因此，在命名量表时，应当尽可能使用正面和积极的名称。同样，反馈报告和在线生成的陈述性报告（即用日常语言解读所得分数的含义）通常会突出答题者的正面特征，而不是负面特征。

虽然以更为正面的方式呈现测试并不一定会降低测试真实的效度，但在很多情况下，其效度的确受到了影响。比如，有时答题者收到的解读报告可能过于模糊以至于毫无意义，却依旧获得了答题者的好评。这种现象被称为巴纳姆效应（Barnum Effect），该名称源自马戏团老板巴纳姆的一句名言："每分钟都有一个傻瓜出生。""你曾经在过去成功地克服了困难"这句话就是巴纳姆效应一个很典型的例子。这句话看上去似乎很有意义，但实际上它适用于所有的人，因此毫无意义。

算命师和占星师的成功都要归功于巴纳姆效应，许多人认为笔迹学的流行也有赖于此。正如人们通过星座来解释自己的行为一样，他们也可以在人格测评的反馈报告中找到自己的影子。因此，我们一定要意识到，答题者是否认为反馈报告是准确的，与测试本身的效度可能关系不大。同样，并不能仅仅因为测试的反馈报告受到答题者的欢迎就认为它是一种有效的测评工具。即使缺乏效度证据，一项测试也可能因为具有吸引力的反馈报告而被客户热情采纳，有鉴于此，优秀的测评工具应该能够将基本事实以具有挑战性的方式呈现给答题者。

测试开发者在选择量表名称时也可能会受到巴纳姆效应的影响。因此，有必要对施测者进行培训，避免被量表的字面含义误导。我们应该仔细阅读测验手册，以理解量表实际测量的内容，也就是说，区分量表名称没有涵盖的人格特征，以及与量表名称相关但是实际却并未被评估的方面。例如，某些"神经质"量表包含与愤怒相关的题目，而其他量表则有意将与愤怒相关的题目排除在外。

小结

在人格差异领域有无数的概念框架，这导致我们无法以简洁的语言来对该领域进行总结。不同的理论关注生活的不同方面。即使针对某一指定的特质，也可以采用无数种方法进行评估，而每种方法都有自己的优缺点。然而，近年来出现的两种特定的框架越来越受到青睐。从正面的角度来看，人格集中体现在五种人格特质上，即"大五人格"。与此同时，大数据分析的时代已经到来，这一技术在识别内部威胁和其他形式的破坏性行为方面展现出巨大的潜力，催生了若干用于测评个体诚信度或品格的新技术。我们将在第 7 章对此进行讨论和阐述。

第 7 章　　**职场中的人格测评**

　　人格测试早在 20 世纪 90 年代以前就在职场中得到了广泛的应用，但同时也存在一定的争议。大多数人格问卷是学术机构为学生群体开发的，人们质疑相同的构念是否适用于职业环境。其他相对成熟的问卷则多用于临床环境（例如精神疾病的诊断）或司法鉴定等目的。一些职业心理学家认为，没有证据表明，相较于针对特定胜任力的测评手段，例如在测评中心开展的工作样本测试等，基于问卷的人格测试具有任何额外的价值。然而，在一个更普遍的层面上，他们也意识到面试官往往对应聘者的人格非常感兴趣，并且所采用的职位说明也常常对某些人格特征具有非常详尽的要求。此外，诸如前台销售等岗位似乎迫切需要某种形式的人格测评。要解决这些问题，我们只能借助研究来验证，是否可以利用人格测试来预测员工成功或者失败的职场表现。

　　职场中的人格测试出现了两种不同的导向。第一种愈发关注那些能够预示良好职业前景的特征。在此背景下，大五人格模型占据了主导地位。第二种则侧重于识别潜在的破坏性行为，比如检测内部威胁或者网络犯罪，采用的方法类似于之前法庭为取证目的而进行的诚信度测试。与此同时，人们也越来越关注高级管理人员人格特征中可能会导致失控的风险因素。这类测试的理论模型通常基于人格障碍而不是人格本身。这些测试能够揭露人格的"阴暗面"，因而受到青睐。

　　在本章中，我们将回顾上述两种不同的模型，并以 Orpheus 职业人格量表（OBPI）为例进行说明，因为该测试同时采用了这两种模型。20 世纪 90 年代末期，约翰·罗斯特（John Rust）教授受心理公司委托开发了两个测试：其中一个是基于大五模型、专门用于职场的五大人格特质测试，而另一个则是职业品格测试，即 Giotto 品格测试，至今仍由培生测评出版发行。早期的 Orpheus 职业人格测试仅包含五大人格特质，后期又加入了 Giotto 中的七大品格特质，现今命名为 Orpheus 职业人格量表，由剑桥大学嘉治商学院心理测量中心出版。本章还将详细阐述有关人格及品格量表的开发过程。

预测职业前景

职业人格量表的效度检验

　　人格测试的效度检验比能力测试更为复杂，因为几乎所有的人格测试都包含多种不同的特质，而每种特质都需要在不同的工作情境中按照不同的标准进行评估。此外，基于不同特质模型的人格量表在维度数量上具有巨大的差异。诸如艾森克人格问卷（Eysenck Personality Questionnaire, EPQ）等量表主要测量的是少数几种高度稳定的特质，而像卡特尔 16PF 测验等量表则包含许多相互关联的较不稳定的维度。由于可供选择的量表过多，即使是学者们也选用不同的量表进行学术研究，因此职业心理学家难以比较并在不同的模型和测量工具间做出选择。该问题在 20 世纪 90 年代初期终于得以解决，当时开展了一系列元分析研究（Barrick and Mount, 1991; Tett, Jackson, and Rothstein, 1991），这些研究统一认可了人格的五因素模型。这五个因素分别为：开放性（O）、尽责性（C）、外向性（E）、宜人性（A）和神经质（N）。基于五因素模型的量表通常被称为大五量表（路易斯·戈德堡创造的一个术语），缩写为OCEAN。五因素模型并非职业测评中唯一的模型。早期较为流行的其他人格模型，例如 16PF、MBTI 和 OPQ，依旧保持着相当数量的拥护者。然而如今，无论是在职场中还是在其他在线应用程序中，当需要通过心理测量的方法进行人格测评时，人们通常偏向于使用五因素模型。

五因素模型的发展史

心理测量学家路易斯·列昂·瑟斯顿很可能是第一个提出五因素模型的人，早在 20 世纪 30 年代，他就通过因素分析发现了五因素人格模型。然而，大多数人认为，五因素模型起源于唐纳德·费斯克（Donald Fiske）的研究，他在 1949 年发表的一篇论文中指出，当设定五个因素时，自我评定、同伴评定及观察者评定等不同的测评手段均会得到含义相近的五个因素。随后的研究证实，无论是在工作中、在大学里、在军事训练中，还是在临床测评中，都发现了类似的结果。在这些案例中，许多都得到了五个强有力的、反复出现的因素。密歇根大学沃伦·诺曼（Warren Norman）的研究进一步增进了对该领域的了解，他在 20 世纪 60 年代重新拾起了高尔顿的词汇学假设，即理解人格最好的办法就是研究世界上不同的语言中用来描述人格的上千个词汇。诺曼认为，早期人格问卷的开发存在缺陷，原因在于以前计算机的功能不够强大，无法同时分析他所收集的 1 710 个人格描述词。直到 20 世纪 80 年代，随着计算机运算能力的发展，诺曼早期非常广泛的研究得以由俄勒冈大学的戈德堡（Goldberg）及其同事继续推进，他们对诺曼所有的特质形容词进行了因素分析，在几项不同研究的各种样本中均发现了相当一致的五个因素，即使使用不同的项目提取、旋转方法或者因素数量，结果也都是如此。20 世纪 90 年代，约翰·迪戈曼（John Digman）和奥利弗·约翰（Oliver John）等人的研究对五因素模型的基础性作用提供了进一步的支持。NEO人格量表的作者保罗·科斯塔（Paul Costa）和罗伯特·麦克雷（Robert McCrae）应该是当时该领域成果最为丰硕的量表作者。然而，许多学术界的心理测量学家对科斯塔和麦克雷将该研究商业化的做法感到反感。正是基于这种反感，人们开发了一个非常成功的开源题库，即国际人格题库（International Personality Item Pool，IPIP），而这也成为互联网时代又一极具反讽意味的案例。该题库中含有高质量的问卷可供人们免费使用，其中包括许多基于五因素模型的问卷，这注定会改变人们对人格测试的看法，并对应用于商业在线广告的心理画像技术的发展产生巨大的影响。

五因素模型的稳定性

虽然已经积累的大量证据表明，五因素模型比其他任何数量的因素模型都具有更高的稳定性，但不能忽略的是，这实质上只是一种共识。仍然有相当一部分的研究发现，在不同的情境下针对不同的人群采用不同的题目，使用其他数量的因素模型可能更为贴切。因此，并不是所有的数据都会呈现为五因素模型，只是五因素模型最为常见和普遍。虽然五因素模型获得了专家们最为一致的认可，但仍有少数情况似乎更适合采用多于或少于五个因素的模型。

同样，关于五因素模型中每种特质的内在含义也存在着共识。然而，尽管人们对于每种特质所涉及的区域达成了广泛的共识，在不同的研究中，每种特质的名称以及学者的侧重点还是会有所不同。表7.1列举了文献中不时提出的一些名称，其中有的来自原作者，有的来自随后其他人格心理学家发表的文献评论，这些名称可以看作五因素的一个缩影。

表7.1　与五因素模型中每个因素相关的特质名称

开放性

体验开放性，创造力，发散思维，理解，变革敏感度，自主性，追求体验，灵活性，独立成就感，艺术兴趣，私密自我意识，文化，智力，教养，优雅，差异化情感，美感敏锐度，需求多样性，非传统价值观，直觉，服从（反向），教条（反向），感知（反向）

尽责性

细节，关注细节，成就，秩序，耐力，坚持，能力，成就意志，超我力量，控制点，品格，成就动机，可靠，认真，负责，条理，感知，战术，判断（反向），战略（反向）

外向性

友爱，外向，健谈，坚定，精力充沛，冲动，社交性，内向（反向）

续表

宜人性

屈尊，关怀，信任，自我监控，善良，合作，值得信赖，利他主义，关心，情感支持，友善顺从，友好，温柔，富有感情，攻击性（反向），强硬（反向），对抗倾向（反向），抑制（反向），自恋（反向），敌意（反向），冠状倾向（反向），A 型行为（反向），冷漠（反向），自我中心（反向），恶意（反向），嫉妒（反向），权威主义（反向），敌对不服从（反向），对抗（反向），思考（反向）

神经质

情感，焦虑，神经质，情绪化，情绪稳定性（反向），冷静（反向），非神经质（反向），不易沮丧（反向），抗压能力（反向）

　　从中可以看出，人们对于五因素模型中许多因素所测量的基本构念的含义并没有达成共识。一些因素如此难以定义是有原因的，其中一个原因在于，五因素模型是建立在因素分析这一统计过程之上的。尽管因素分析在心理测量中得到了广泛运用，但因素分析模型与更为传统的项目分析方法之间存在重要的差异。传统的人格测试以经典测验理论为基础，其观点是测验的分数代表了正确答案的数量，而每一个子量表由特定的题目集构成。另外，因素分析会生成因素分数，每一个因素分数都是问卷中每个题目的加权总分。尽管我们可以合理地认为，因素分数是衡量人格特质更为优越的指标，人们仍然更加青睐经典模型，这也是有充分的理由的。在编制测试时，心理测量学家通常会使用因素分析作为工具来筛选每个子量表的最佳题目。这一过程可以理解为对所选择的题目赋予 1 的权重，而对未选择的题目赋予的权重为 0。因此，在检验标准化、信度、效度、偏差及其他心理测量属性时，对象是这些子量表，而不是因素模型。然而，采用因素分数的模型会对不同情境中的题目赋予不同的权重，因此需要单独进行检验。

五因素模型的跨文化研究

　　虽然支持人格五因素结构的证据总体来说非常可观，但我们仍需谨慎地对待其跨文化的适用性问题。许多跨文化心理学家认为，文化之间的差异会形成不同的人格，因为不同的文化对人的影响是不一样的。因此，心理学家在探讨不同文化之间人格共性的同时，也应该明确文化的独特性。

　　虽然 16PF 和 NEO 等来自西方的人格量表已被翻译成多种语言并在世界各地使用，但是人格的跨文化研究表明，文化间的异同同样体现在人格特质中。邦德（Bond，1997）在中国开展的一项研究中复现了西方大五模型中的四个因素，但未能找到开放性这一因素。张妙清等学者（Cheung et al., 2001）使用中国人个性测量表（Chinese Personality Assessment Inventory, CPAI）测试了来自中国内地和香港的参与者，发现两者具有相似的因素结构。然而，CPAI 中的"人际关系性"因素与大五模型中的所有因素都不相关，并且在中国样本中亦没有找到与"开放性"相对应的特质。

由此看来，人格因素的最佳数量可能因文化而异。此观点另一个典型的例子是中国大七人格模型（Wang and Cui, 2005），该模型的确立来自对中文有关人格特质形容词的词汇研究。这一模型具有七个因素，分别为外向性、善良、行事风格、才干、情绪性、人际关系和处世态度，与西方人格结构的五因素模型存在显著的差异。当比较中文版的大五测试 NEO 量表和中国人人格七因素量表（QZPS）时，基于中国样本的元分析结果表明，NEO 与 QZPS 虽然具有一定的相关性，但两者的维度并未呈现一一对应的关系，并且 NEO 各维度的得分亦无法准确反映中国人的人格维度。

量表的独立性及侧面的作用

并非所有人都认为单单使用五个因素就足以描述复杂的人格。比如，雷蒙德·卡特尔一直支持覆盖面更广的模型，例如他的 16 人格因素问卷。其他的一些学者，如科斯塔和麦克雷等人发现，具备更多特质的量表看起来更为全面。他们察觉到了推广这种量表的潜力，进而建议将每种主要的特质细分为多个相关的侧面（facet）。反对使用过多因素或侧面的观点认为，这会造成模型中的特质之间出现高度的相关，从而在人格剖面图中产生大量冗余的信息。如果两种特质高度相关，那么它们将互相结合。也就是说，当其中一种特质得分很高时，另一种特质必然也会得高分，反之亦然。如果将二者合并，我们可以获得具有更高信度的相同的信息。因此，我们还不如只测量一种特质。另外，当维度间相互独立时，我们能够对人格剖面图的结果做出最大限度的解释。例如，艾森克的双因素模型虽然只包含外向性和神经质两种特质，却能产生四种基本的人格剖面：外向-高神经质、外向-低神经质、内向-高神经质和内向-低神经质，而这四种类型与古希腊体液说中的四种特质相一致（分别为胆汁质、黏液质、抑郁质和多血质）。如果有三种特质，我们就会有更多种可能的组合（使用三个维度总共会产生八种不同的组合）。我们还可以将三种特质两两组合，在第三种特质保持不变的前提下对两种特质进行解释，从而总共产生 14 种不同的解释方案（单独解释三种特质，三种两两组合的方案，以及三种特质之间八种不同的组合方式）。原则上，基于五个因素能够产生 74 种不同的剖面图，而每一个剖面图都会有不同的人格解释。因此，如果主要维度之间能够达到真正的独立，那么五因素模型就可以比那些自称具有 70 个相关因素的量表提供更多的信息！

构建五因素模型量表的挑战

然而，五因素模型中特质之间的独立程度到底有多大呢？由于这些特质来自正交因素分析，因此，人们通常认为，用于测量这五个因素的子量表之间也是相互独立的。然而，事实并非如此，因为实现因素间的独立性具有相当大的难度。

由于没有意识到心理测评量表与因素分数之间的差异，人们常常无法正确理解用于测评大五特质的测试中子量表之间的独立程度。基于大五模型的因素结构的确是正交的，即这五个因素是相互独立的。如果用因素分数代替子量表，而因素分数是根据每个因素上所有题目的因素载荷计算所得，那么它们必然是独立的，但这也仅限于当前模型所基于的人群。然而，在这一过程中，每个题目都被使用了五次，因为每个题目在五个因素上都有一定的载荷，虽然载荷的大小取决于题目本身。只有在五个子量表各个方面之间达到非常谨慎的平衡，才有可能实现正交模型的因素独立性。但是，如果像常规的测试构建程序一样，每个子量表只选择具有高负载的题目，则会打破这种与其他子量表互相制衡而带来的微妙平衡，导致由此生成的大五量表之间不再相互独立。事实上，某些因素之间会有很大程度的相关性。如果试图在因素分析中纠正这一点，很可能会让情况变得更糟。这是因为五因素模型就其本质而言，是通过平衡每个特质成分的不同方面来实现其独立性的。仅仅因为因素分析可以得到相互正交的因素，并不能得出每个因素所指代的主要特质在单独测量时仍会保持相互独立的结论。

印象管理

印象管理（也称为社会称许性偏差）指的是以下这种现象：答题者无法抗拒地伪造他们的作答，或者是在不确定的情况下选择相信自己的作答是准确的。在职场中，应聘者往往受利益驱使而在一定程度上隐瞒真相。这种做法并不像听起来那么恶劣而应受到谴责，因为几乎所有人都曾受到就业顾问及他人的鼓励，在申请工作时"充分展示长处"。与此相反，在临床中，有些病人希望从医生那里获得病假条，抑或有些人希望骗取保费，他们的作答通常会偏向另一个方向，即伪装成不好的样子。印象管理所带来的影响无所不在，从正面或者反面影响着人们对大部分题目的作答。因此，它总是会对数据产生一些影响，并影响因素分析的结果。这种现象为心理测量学家所熟知，他们一直在努力消除或抵消这些影响，例如编制一个独立的社会称许性量表。令人遗憾的是，目前还没有办法完全消除印象管理的影响，因此，施测者需要认清印象管理效应对测试结果的影响。

默许效应

默许效应是反应偏差的另一种形式：该现象反映了答题者对于所有问题或陈述均选择"同意"或"不同意"的作答倾向。这会影响到问卷中的所有题目，经常会作为因素分析的第一个因素出现。同样，心理测量学家有一些技术手段来降低其影响，通常采用的方式是平衡每一个被测量特质中正向计分和负向计分的题目数量。然而，对于因素分析本身而言，默许效应和印象管理一样难以彻底消除，总是会在一定程度上存在。

反应偏差和因素结构

反应偏差对因素结构的影响并不存在一致性，而是因样本而异。例如，与为研究项目填写问卷的学生相比，竞争激烈的市场中的求职者有更大的动机撒谎。某些形式的偏差还会受到所申请的工作性质的影响。例如，对于哪种作答具有更高的社会称许性，申请初级职位的人和申请管理岗位的人可能具有不同的看法，而销售岗位的应聘者可能更倾向于选择能够展现外向性的答案。所有形式的反应偏差都会影响因素结构，因此，因素本身的含义会根据数据集的属性以及答题者参与作答的动机而有所不同。这也从另一方面说明了为什么我们应该将大五模型看作一种共识，而不是关于人类人格本质的一项科学发现。它只不过是在大多数情况下最常见的一种因素结构而已。一系列相关的题目之间形成了复杂的载荷关系，这种关系在某种程度上必然是混乱的，并且无法完全厘清。

现有的许多测量大五人格的量表，其子量表之间具有相当大的相关性。这种相关性往往被低估，原因可能在于，人们普遍认为，五因素模型生成了五个相互独立的子量表，而不是五个相互独立的因素。大五测试的子量表之间存在相关性的原因已经在上文中解释过了。这种相关性是非常不利的，因为支持大五模型的主要论据之一就是其维度间的独立性。这一点很重要，因为很多观点都认为，不论是从理论还是实践的角度来看，具有较少因素的模型更为优越，尤其是在将几种特质组合起来进行解释的时候。

OBPI 五大人格量表的编制

在 20 世纪 90 年代，虽然职场中人格测试的方法越来越统一，但仍然存在一个难点。由于现有的大五特质量表主要是在临床环境或学生样本中开发的，因此这对于职业测评是有问题的。例如，临床上"神经质"这一特质名称并不适用于描述人格，因为在工作中没有人愿意被形容为神经质。同样，"宜人性"这一特质名称可能会形成一种错觉，即得分较低的人都不太友好，很明显，这并不合适。此外，我们对开放性这一特质是很关注的，但往往更在意的是其对立特质：遵从性。因此，如果可以将其重新命名并按相反的方向计分，那么会更加理想。

在开发 OBPI 量表时，其中一项要求是确保该测试针对的是工作情境，采用真实的职业人群进行预测试，并使用适合职场的语言描述。为此，根据人格维度理论，这五个因素被赋予了新的概念，即每种特质对应一个特定的心理维度。这五个维度分别是社会、组织、思维、情感和感知，所有这些维度都是我们心理生活的重要组成部分。当我们掌握了个体在五个维度上所处的位置时，我们就可以解读他们职业人格的功能表现了。在 OBPI 中，这五个因素分别如下：

- "合作性"，对应大五人格中"外向性"这一特质。在社会维度上，"合作性"得分高的人通常乐于与他人合作或在团队中开展工作。"合作性"得分低的人通常更喜欢从事需要一定自主性的工作。
- "权威性"，对应大五人格中"宜人性"这一特质的对立面。在组织维度上，"权威性"得分高的人意志坚强、杀伐果断，具有做出艰难抉择的能力。而"权威性"得分低的人较为心软，通常会采取合作性的工作方式。
- "遵从性"，对应大五人格中"开放性"这一特质的对立面。在思维维度上，"遵从性"得分高的人更倾向于尊重既定的价值取向。"遵从性"得分低的人则更倾向于寻求不同的问题解决方案。
- "情感性"，对应大五人格中"神经质"这一特质。在情感维度上，"情感性"得分高的人虽然容易紧张，但是对他人的感受较为敏感。"情感性"得分低的人更善于应对压力。

- "细节性"，对应大五人格中"尽责性"这一特质。在感知维度上，"细节性"得分高的人在需要特别细心的日常工作上会有突出的表现。"细节性"得分低的人对日常工作缺乏耐心，而更关心宏观的发展。

在构建 OBPI 人格量表时，尽可能地将社会称许性的影响降至最低，并平衡正向和负向的题目数量，以避免默许效应。在构建过程中，我们还密切关注子量表间的相关系数，以及题目总相关性和 α 系数等指标，以确保特质覆盖面的广度与多样性。五个人格子量表的模板是五因素模型，在此之上加入了若干限制条件，即任何两种特质之间的相关性都不能高于 0.3，并且它们与先前构建的隐含的印象管理子量表（即测谎量表）的相关性也应尽可能低。OBPI 各个人格子量表的信度在 0.73 ~ 0.81，其得分成功预测了上级主管在不同维度相应技能或表现上的评分，包括团队技能、独立工作能力、与同事的交友水平、做出艰难抉择的能力、提出新想法的能力、遵守公司政策的表现、自信水平、忧虑倾向性、对细节的重视程度、视野的广度等，从而显示了充分的效度。

反生产工作行为的测评

并非所有的职业测评都与招聘和员工职业发展有关。在许多情况下，其目的在于清理那些表现出破坏性行为的员工，例如通过识别流氓交易或者其他形式的内部威胁的方法。然而，在这一领域，传统的人格测试成效并不明显。几乎所有此类测试，包括大五人格测试，都有一个共同点，即着眼于个体积极向上的一面。富有爱心的专家们希望你可以更多地关注你能做什么，而不是你不能做什么。职业心理学家尤其如此，他们坚信自己的总体目标尽可能地为答题者和客户提供帮助。因此，测试中暴露的各种缺点通常会被美化为"培训需求"。那么为何会出现这种情况呢？

行为主义的影响

行为主义是其中一个影响因素。100 多年前，早期行为主义学者坚信心理学需要摆脱道德哲学这一前科学基础。他们断言伦理道德是一个宗教问题，在真正的科学中没有立足之地。早期的心理测量学家尤其受到这一观点的影响。

因此，我们可以清楚地看到，在卡特尔和诺曼收集的自然语言人格描述词中，"好""坏"等与伦理道德相关的词汇及其变体都被特意剔除了。早期的行为主义学者还采纳了决定论的观点，即在没有自由意志的前提下，我们不需要对自己的行为负责。因此，归责不属于真正的科学的职责。正是在这种背景下，许多人格问卷的前言都会告知答题者："答案没有正确与错误之分——请尽可能诚实地回答每个问题。"这里隐含的信息是：无论测试结果如何，这都不是你的错；你可能没有得到这份工作，但这并不是因为你给出了"错误的答案"。你可以再去找另一份更适合你的工作，也可以关注一下你的"培训需求"。

然而，大多数雇主并不是只关心员工能做什么。他们还想知道，如果聘用了某员工，他是否可能会懒惰、粗心、不可靠、不诚信，或者以某种方式损害公司利益。自然语言中有许多词语用于形容品格不端，也有许多词语可以用于描述具有此类潜在缺点的人，但是在传统的人格测试中却很少出现这类词语。这些词语的来历是什么呢？

前心理学时代的品格理论

当代人格特质的演化路径可以一直追溯到古罗马时代盖伦（Galen）根据体液说定义的四种气质类型：抑郁质、黏液质、多血质和胆汁质。同样，古典时期的许多作品也探讨了品格的多个方面。其中最有影响力的大概是普鲁登修斯（Prudentius）的《心灵的冲突》(Psychomachia)。在 4 世纪，普鲁登修斯是古罗马恺撒奥古斯塔市（现为西班牙的萨拉戈萨）的一名公务员。他所提出的模型后来被基督教神学家改编为七宗罪与七美德（有时亦被称为"激情与情感"）。13 世纪，意大利文艺复兴时期的艺术家乔托·迪·邦多纳（Giotto di Bondone）将美德和恶习描绘为谨慎 / 愚蠢、坚韧 / 易变、节制 / 愤怒、公正 / 不公、信仰 / 盲从、仁慈 / 嫉妒以及希望 / 绝望。《心灵的冲突》还为中世纪的民间心理学提供了许多灵感，例如但丁（Dante Alighieri）的《神曲》(Divine Comedy)，以及 17 世纪英国约翰·班扬（John Bunyan）的《天路历程》(The Pilgrim's Progress)。

普鲁登修斯将人类的发展视为对理性的毕生追求。在这一过程中，个体必须应对各种挑战。例如，贪婪能够满足欲望，但却是不合理的，因为一个以个人利益为唯一驱动力的社会是难以维系的。愤怒能够立即达到目的，但也是不合理的，因为它将情绪凌驾于理智之上。绝望使人停止奋斗，这也是不合理的，因为人的动机将变得毫无意义。放纵使人快乐，但依旧是不合理的，因为它阻碍了人类达成目标。在《心灵的冲突》中，这些挑战化身为战斗中的勇士，最终，人类的美德（情感）战胜了动物的恶习（激情）。这一观点对现代心理学不无影响。在自我实现倾向、多元智能理论、认知疗法以及精神分析的力比多（libido）等多个方面都可以看到其影响。普鲁登修斯的模型与盖伦的观点形成了鲜明的对比，两者的区别在于是否承认存在可取的和不可取的行为。对盖伦而言，如果我们不注意细节，这是由我们的体质决定的；而对普鲁登修斯来说，这是因为我们过于邋遢。

现代品格测试

20世纪90年代初，人们通过品格测试对反生产工作行为进行测评，其中包括两种类型。第一种品格测试是公开的，对于测试的目的毫无隐瞒，使用的题目非常直接、切题，例如："你吸过毒吗？"或者"你有犯罪记录吗？"另一种测试则是基于人格的，或者对其测试目的进行一定的伪装，采取更为迂回的方法，以一种不太明显的方式识别个体对不良行为的态度，从而避免不诚实的作答。

品格测试评估的常见构念包括盗窃、迟到、吸毒、缺乏责任感、道德推理能力差、职业道德低下、存在纪律问题、有暴力倾向和缺乏长期工作承诺等。这些特质的严重性差异很大，既包括资金盗窃和重大欺诈等相当罕见的犯罪行为，也包括"时间盗窃"等活动，例如旷工，或者只是过于频繁的茶歇。Buros测试中心在线出版的《心理测量年鉴》对早期大部分的品格测试进行了审阅，发现不同测试对于所评估的行为以及品格的准确定义几乎没有达成过一致。它们提供的少量数据基本无法说服心理测量学界，而心理测量学界认为品格的概念过于宽泛，定义不够明确，因此得出结论认为，没有足够的证据来判定其价值。

简·洛文格（Jane Loevinger）和大卫·莱肯（David Lykken）于20世纪90年代对品格测试进行了全面的批判，而德尼茨·奥奈蒂斯（Deniz Ones）和她的同事们则表态支持品格测试。他们报告了一系列元分析研究，并在这些研究中审阅了品格测试的效度证据。基于来自超过50万名被试的650个效标关联效度系数的结果，他们得出的结论是，不仅有充分的证据证明品格测试的效度，而且在预测整体工作绩效时，品格这一宽泛的构念很可能具有等同于甚至优于大五模型的效果。有人进一步指出，许多现有的品格测试在很大程度上只是在评估大五因素中的"尽责性"这一维度。然而，世界卫生组织和美国精神病学协会随后修改了关于人格障碍的模型，从而在负面构念的评估中引入了一个新的元素。

精神病学和医学模型

在处理犯罪问题上，精神病学界和法律界必须共同商定刑事责任能力这一问题。很多人可能触犯了法律，但如果他们患有精神疾病，那么他们可能不知道自己的行为是错误的。这可能是他们患有智力障碍、幻觉或者其他原因造成的。在这些情况下，人们通常认为他们不应对自己的行为负责。即使需要对他们的活动采取任何限制措施，也并非为了惩罚，而是为了保护他们自己以及保护社会。然而，并不存在明确的分界线，每个案例都需要区别对待。对于某些犯罪行为，量刑时普遍关注的是当事人是否对自己的行为感到懊悔，是否打算在今后改正自己的行为。赫维·克莱克利 (Hervey Cleckley) 在其 1941 年出版的《理智的面具》(*the Mask of Sanity*) 一书中关注了一群惯犯，这些人习惯性地毫无悔意，无意改变自己的行为，一次又一次地重返监狱，他将这些人称为"精神变态"。

克莱克利认为，虽然精神变态的人可以在他们愿意的时候表现得很迷人，但是他们天生无法感受到悔恨或羞耻，通常也无法体验与道德行为相关的情感。许多人可能成为惯犯，不断重复相同或者类似的罪行，并最终被关进监狱，给社会上的其他人造成巨大的损失。精神病学家如今将这种情况称为反社会型人格障碍，这是介乎健康与精神疾病之间的几种功能失调性人格障碍之一。美国精神病学协会在 2013 年出版的《精神疾病诊断与统计手册（第五版）》（DSM-5）中定义了十种人格障碍，包括偏执型人格障碍、分裂样人格障碍、分裂型人格障碍、反社会型人格障碍、边缘型人格障碍、表演型人格障碍、自恋型人格障碍、回避型人格障碍、依赖型人格障碍以及强迫型人格障碍。

许多精神科医生完全不同意将这些症状定义为疾病。相反，他们将其视为具有特定人格的人在面对极端压力、受欢迎、诱惑甚至成功等具有挑战性的情况时不同的反应方式。求职者不应因任何形式的疾病，不论是精神疾病还是其他疾病而受到歧视。事实上，这也是违法的。但是，可能值得注意的是影响工作表现的个人弱点。这些弱点一直以来都是安全部门在处理极端组织在线招募这一难题时所关注的问题。它们也是银行和投资公司在应对流氓交易以及其他内部威胁的风险时需要考虑的因素。此外，还有许多高管，他们达到一个临界点后，不仅变得无法管理公司事务，甚至有时变得非常危险。考虑到这些潜在的应用方向，组织心理学家对这些行为的评估表现出相当大的兴趣也就不足为奇了。

功能失调倾向

法国的让-皮埃尔·罗兰 (Jean-Pierre Rolland) 和美国的罗伯特·霍根 (Robert Hogan) 都致力于开发量表以评估这些潜在的破坏性行为。罗兰的功能失调倾向量表 (Inventaire des tendances dysfonctionnelles，TD-12) 如今由培生测评出版，这一测试描述了以下 12 种特质：

- 警觉多疑。高分者通常对他人表现出警惕与怀疑。他们总是预感会遭到他人的背叛、伤害，或者被利用，并且经常在微不足道的事件中感受到威胁。当他们觉得自己被羞辱、伤害、忽视，或者被看不起时，他们就会怀恨在心。他们会对这些自我感知到的威胁或者假想的攻击做出愤怒的回应，并给予迅速的反击。

- 内向疏远。高分者在人际关系中通常是疏离的、冷漠的、情绪冷淡的。他们喜欢独处，不会寻求他人的陪伴，也不会轻易对他人形成依恋或向他人表露自我。一般来说，他们对他人的感受不感兴趣，甚至无法理解他人的感受。他们在表达情感的程度上以及生活经历上都受到限制。

- 怪诞离奇。高分者经常被认为是怪人。他们的想法、陈述和信念往往是非理性的，但同时也可能极其新颖。在他们的信念中，经常会出现天使、仙女、鬼魂、邪教和外星人，而他们所宣称的有关行为和意图也往往看起来很奇怪。他们的语言、行为和着装风格常常显得十分怪异。

- 冲动违规。高分者往往不尊重他人的权利，并违反规则和惯例。他们喜欢冒险、突破极限。他们可能很迷人，善于操纵他人，狡猾、不诚实，并利用这些技巧来占别人的便宜。他们会说谎，在不遵守规则或惯例时表现得毫不犹豫。他们无法制定长期计划。

- 情绪无常。高分者情绪多变，在兴奋与沮丧之间、满意与不满之间随意切换，对待他人时而奉若神明，时而轻视贬低。因此，他们很难相处，也很难取悦。他们有明显的冲动，对新项目或陌生人有短暂而强烈的热情，随后又会快速感到失望。

- 做作夸张。高分者往往爱炫耀、戏剧化、富有表现力且生动活泼。他们倾向于戏剧化和夸张的表现，以满足他们成为关注焦点的需要。他们渴望被注意到，这种愿望可能会导致过度的情绪化和夸张的情绪表达。这些技巧可能经常被用来操控他人的行为，并且没有明确的目的。

- 自信自恋。高分者以自我为中心，盲目自信，具有被认可和被钦佩的整体需求。他们觉得自己出类拔萃、与众不同，因此应该得到特殊的照顾与特权。他们缺乏同理心，当没有得到他们认为应得的特权时，他们会感到沮丧、气恼与愤怒。

- 回避羞怯。高分者有一种自卑感，他们在可能被他人评判的社交场合中会感到不安。他们对批评非常敏感，一直活在被拒绝的恐惧之中。他们很少愿意冒险，不论结果是晋升还是想法被拒绝。当有人向他们提出建议时，他们往往会因为害怕给出的答案不被接受而闭口不言。

- 依赖迎合。高分者对他人的监督、认可、支持和建议有着过度的需求。他们为了获得支持和建议而取悦他人，这种愿望往往导致顺从和"黏人"的行为。在缺乏建议或支持的情况下，他们很难做出日常决定，并且由于害怕失去支持或认可而难以表达不同的观点。

- 过细求全。高分者全身心地专注于秩序、完美和控制，以至于忘记了行动的重点。他们对规则和程序非常执着、固执、死板。由于害怕别人不遵循程序，他们很难授权给他人，同时对细节的过度关注也使得他们很难自己做出决定。

- 消极抵制。高分者往往对他人提出的要求持消极的态度，并表示出被动的抗拒。当被要求做一些他们不想做的事情时，他们会表现出愤怒、抵制和间接的消极敌意。他们经常会批评和消极地抵制权威人物。他们认为自己被误解了，没有得到充分的认可，并受到了不公正的对待。

- 悲观抑郁。高分者持续地受到沮丧、忧郁、厌烦、悲伤、痛苦等感觉的困扰。即使机会来了，他们也会把注意力集中在可能出错的地方并夸大后果。在无法解释原因的情况下，他们通常毫无缘由地感到不足、无用、毫无价值，无法与大多数人一样享受愉快的情景。

罗伯特·霍根的心理测量工具也可以用于评估 DSM-5 人格障碍的亚临床特征。该测量工具首次出版于 1997 年，旨在识别组织内部潜在的"脱轨"的人，重点关注他所谓的人格"阴暗面"。该工具在组织内高层人员的测评中特别受欢迎。在很多情况下，具备中等水平的相关特质可能是有益的。比如，高管和交易员需要有高度的自信才能有效地工作。然而，如果过于自信，他们可能会达到一个临界点。这可能是极端的工作压力、意想不到的威胁或仅仅是一连串的随机成功引起的。如果没有发现，一旦阴暗面开始显现，它就有可能对组织的工作绩效、职场关系、生产力及声誉等方面造成巨大的损害。

暗黑三人格

很多关于人格阴暗面的研究都集中在心理变态、自恋和马基雅维利主义这三个特质上，这些特质现在通常被称为暗黑三人格，可以用于探查潜在的破坏性行为。对这三种特质的心理测评都早于DSM模型的出现。然而，在过去的15年里，人们对它们的潜力兴趣激增，尤其是在网络环境中。在这三种人格特质中，前两者明显与自信自恋型人格和冲动违规型人格相关，而第三种特质马基雅维利主义似乎结合了几种人格特征。勒布雷顿（Lebreton）、希弗德克尔（Shiverdecker）和格里马尔迪（Grimaldi）在2018年对有关的研究进行了总结。他们发现，当尝试验证众多现有测评工具的效度时产生了不一致的结果。他们还指出，利用现有的大五人格量表，或者单独一个维度，或者组合几个维度，可以准确地预测所有暗黑三人格的分数。例如，心理变态与宜人性这一特质有很强的相关性，马基雅维利主义也是如此。而自恋通常与外向性和宜人性两个维度都相关。

工作中的品格测评

"integrity"（意为完整、正直、诚信，在此译作品格）这个词来源于"integer"（整数）一词，意思是完整。具有完整性的系统是平衡的、步调一致的，并且朝着一个共同的目标努力。无论是在个人层面、组织层面还是国家层面，品格的标志都是可信、可靠、开放、透明、自信和乐观。我们对品格的评估决定了我们信任谁、我们在哪里存钱、我们买什么，以及我们给谁投票。出于对应聘者个人品格问题的普遍担忧，许多组织使用品格测试来了解其是否可能出现诸如以下这些问题：

- 未能充分注意或遵守安全指示。
- 以自我为中心，导致习惯性的迟到或旷工。
- 具有攻击性倾向，导致敌意、恐吓或种族主义和性别歧视的态度。
- 具有可能导致纪律问题的不满情绪。
- 过分骄傲，不尊重上级或对待下级傲慢蛮横。
- 在金钱方面过于贪婪，让人无法信任。

- 不愿应对变化，即使是在必须改变的时候。

这些特征代表了七种古老的传统恶习：懒惰、放纵、愤怒、嫉妒、骄傲、贪婪和绝望。与所有的品格测试一样，我们不能指望答题者诚实地回答直接询问此类行为的问题。事实上，如果他们这么做了，我们不禁要怀疑这些应聘者是否真的想得到他们所申请的工作。为了解决这一难题，由培生测评出版的 Giotto 品格测验（Rust，1999）采用了第 6 章介绍过的迫选式方法。迫选式方法的另一个优点是，在处理社会称许性问题的同时，它还能够按照"严重性"对所评估的特质进行排序。Giotto 品格测验有一个假设，即我们所有人都或多或少地有这些恶习；因此，该测验并不用于检测不良行为问题本身，而是判断我们最有可能或最不可能出现的不良行为。人无完人，我们的恶习和我们的美德一样重要 (有时甚至更重要)。谁会想要一个没有冒险精神的企业家，或者一个无法认识到工作生活平衡重要性的人，又或者一个无法贯彻严明纪律的军官、一个看不到管理失误的店员、一个总是听取别人意见的 CEO，抑或一个随心所欲制定规则的执法者呢？正是由于迫选式题目的自比性，Giotto 品格测验能够同时看到我们好与坏的两面。

OBPI 品格量表

OBPI 中的品格量表在设计时也秉持着同样的理念，即通过展示我们现在的样子而不是我们希望成为的样子，为每个人带来一种自比性的洞察。OBPI 量表并不是迫选式量表，因此必须依靠其自身固有的社会称许性量表来剔除那些特别容易受到印象管理影响的题目。这种方法总体来说是有效的。OBPI 中的品格特质与社会称许性之间的相关性虽然都在 0.3 以上，但对于此类测试来说，这种相关水平在可接受的范围之内。唯一的例外是贪婪这一特质，该量表与社会称许性量表的相关性极其之高，以至于基本无法区分两者。因此，与 Giotto 品格测验不同，OBPI 无法有效地识别缺乏信任的情况。相反，OBPI 中有一个替代性的量表用于评估印象管理，即公开度这一特质上的低分代表着较高程度的印象管理。OBPI 的七个品格特质分别为：审慎度、工作态度、包容度、公正度、服从度、公开度和首创度。

- 审慎度关注的是执行任务时的谨慎程度。该特质对于那些以安全为第一要务的职业十分重要，在这些职业中，错误可能会造成极为严重的后果。低分者可能会粗心大意，做事经常一时兴起，但同时他们也不避讳犯错，而且确实可能是为了从中吸取经验而故意为之。

- 工作态度关注的是职业道德，该特质对于那些员工必须长时间工作或从事一些非自愿选择的工作的职业尤为重要。低分者可能更容易出现上班迟到的现象，在他们认为有必要的时候甚至旷工。但是同时，他们对工作与生活间平衡的重要性有着更充分的理解。从长远来看，他们可以分清轻重缓急。

- 包容度关注的是一个人控制自己攻击性行为的能力，无论是身体上的、语言上的还是态度上的。该特质对于那些容易发生激烈争吵，以及需要避免霸凌行为的工作环境十分重要。低分者在充满敌对的环境中可能会有出色的表现，在公平公正的前提下，这种环境需要某种形式的竞争与进攻，以确保每个人都遵守指令。

- 公正度关注的是判断他人行为时是否保持公正。该特质对于那些竞争激烈并且需要判断力的工作环境十分重要。当在工作中出现冲突的时候，低分者可能会受情绪影响而做出错误的判断。然而，他们也可能在即将失控的情况下看到转机。

- 服从度关注的是对公司政策的服从程度，该特质对于初级员工特别重要，尤其是在必须遵守既定规则的工作情境中。低分者更适合那些需要独立领导力的岗位，或者是现有规则对于发展方向不够明确的职位。当需要改变规则的时候，他们会成为抢手的人才。

- 公开度关注的是一个人是否愿意开诚布公地分享自己的想法和真实信念的程度，该特质对于建立信任关系尤为重要。低分者倾向于掩饰他们真实的想法和感受，这是许多职业的必要条件。该特质也会体现在对此量表的作答中，因此在解读其他子量表的分数时也要参考本特质的得分。

- 首创度关注的是是否具有目标性和前瞻性。该特质对于那些亟须做出重大变革或即将进行重组的组织环境非常重要。低分者重视传统，他们在安于现状的组织中如鱼得水。他们天生对改变的要求持怀疑态度，认为只是"为了改变而改变"，并且对悠久的传统具有很高的接受程度。

对品格特质进行解读比人格特质更具挑战性。然而最重要的是，我们需要在解读过程中将工作背景考虑在内。没有人是完美的，所以我们需要更多地关注这七个特质之间的平衡，而不是它们的绝对分数。因此，我们需要回答的问题是，对于当前的职位，哪些特质更重要，哪些特质不那么重要。至少在某种程度上，大多数人都知道自己的缺点。而来自量表的反馈报告，再加上与在这些问题上有经验的专业人士共同解读报告，让人们有机会结合工作背景理解自己的弱点，甚至有可能将其转变为自己的优势。OBPI 品格量表的信度较高，均在 0.70 ～ 0.76，并显示了良好的效度，可以成功预测主管人员相关特质的评分，此外对 Giotto 品格测验中相应的量表进行效度验证，相关系数最低为审慎度的 0.40，最高为首创度的 0.61。OBPI 品格量表现有英文、简体中文、巴西葡萄牙文、印度尼西亚文和土耳其文等多个语言版本。

小结

人格测评和品格测评是当今组织心理学的重要组成部分，其在招聘、员工发展以及绩效监控等方面均发挥着重要的作用。因此，世界各地的专业机构都制定了具体的使用行为准则，其中包括针对知情同意、隐私保护和提供结果反馈的推荐程序。如今，与答题者分享测试结果已成为公认的做法，尽管此前一些人担心对于品格测试来说这可能并不合适。然而，在组织内对个人进行测评和反馈，与在互联网上进行大规模的测评有明显的区别。后者已经变得司空见惯，因为任何人格特质或品格特质的得分都可以轻易地通过在线足迹进行预测，在线足迹可以来自社交网络、电子邮件、网站，或其他任何能链接到这个人的踪迹。这些数据对于安全服务业、广告业、社会战略家和政治竞选者来说都是"金矿"。在发生了几起重大丑闻之后，开发这种类型的数据库现在在大多数国家一般都是非法的。然而，受到威胁的并不仅仅是个人隐私，当前的许多立法都为时已晚。机器学习算法已经拥有足够的信息建立模型，一旦获取了你的 cookie 或者你在网上展示的其他虚拟形象，这些模型就可以预测你的行为。你收到的消息、新闻和广告不再依赖于知道你是谁。对于科技巨头来说，这是一个神奇的世界，但对于那些试图以传统的方式维护治安、媒体以及社会民主的人来说，情况并非如此。

第 8 章 在心理测量中使用数字足迹

引言

　　数十年的研究和应用实践表明，经过精心修订的测验和自陈式量表具有可靠、实用和准确的特点。它们被成功地应用于人事招聘、升学考试、临床诊断等多种场合。诸如计算机自适应测试（详见第 5 章）和题目生成器（详见第 9 章）等新方法愈发普及，而这也进一步提高了测评的质量。

　　与此同时，自陈式量表和其他类型的测验题目本身也有重大的缺陷。首先是它们的瞬时性和较低的生态效度：这些测评只能通过一个短暂的机会来了解答题者的观点和表现，而且通常在人为的环境下进行，比如设置一个专门的考场，还设有时间限制。在短暂的填写问卷的过程中，答题者可能会受到自身的压力、疲劳、测试环境甚至天气等因素的影响。因此，答题者的分数不仅反映了被测量的特质，也反映了这些外部因素，从而降低了测量的有效性和可靠性。

　　其次，传统的测评局限于捕捉答题者明确的、有意的和主动的观点与行为，因此，很容易受到作弊和失实陈述的影响。特别是在测验分数很重要的情况下，比如在招聘或入学考试时，这种影响尤为显著。失实陈述往往是无意识的，由各种无意识的认知偏差导致。例如，可得性偏差会带来这样一种结果，在我们的记忆中越鲜活的想法或者行为，我们越容易高估它们在我们生活中出现的频率，比如求职者在花了几个星期的时间专注于准备面试后，他很可能会低估自己平日和朋友的社交频率。参照组偏差是另一种常见的认知偏差，它描述的是人们倾向于把身边的人作为一个参照组和自己进行比较，而不是将自己的特质水平与大众的平均水平进行比较。例如，如果一个性格外向的演员周围有很多更加外向的同行，那么他很可能由衷地认为自己是一个内向的人。因此，即使是广泛使用的经过了验证的测评工具，在预测工作绩效、幸福感或体能情况这类现实生活中的基础指标时，常常也无法达到很好的效果。

　　我们如何规避传统测评的诸多限制因素呢？如果测验和量表只是对答题者的自陈式行为拍下的一张快照，那么我们可以将其替换为对他们在自然环境中的实际行为、偏好和表现的长期观测。比如，我们可以跟踪答题者一整年，细致地记录他们快乐或悲伤的每一个时刻，测量他们花在社交上的时间，或者评估他们在现实生活中的数学水平。这样的测量方式比起要求他们回忆这些行为的频率，或者测量他们在虚构任务上的表现更为可靠，也更能预测他们未来的行为和表现。那么，为什么我们还要要求答题者回答诸如"我喜欢参加聚会"这样的题目，而不是统计他们实际参加聚会的次数或者拒绝聚会邀请的百分比呢？为什么我们还要让答题者在不切实际的数学测验中数苹果和橘子的个数，而不是直接记录他们在现实生活中如何解决数学难题呢？我们之所以这样做，是因为长时间地记录现实生活中的行为，是极其困难、昂贵又耗时的，更不用说在过去我们几乎不可能在不打扰答题者并且不改变他们行为的同时记录下他们的行为。设想一位心理测量学家一直跟在你身边，还要详细地写下你所做的一切，你还能表现得很自然吗？

我们的生活正在逐渐迁移到数码环境中，我们的行为、偏好和表现通过不同的方式被无声地、廉价地、便捷地记录下来。我们周遭充斥着越来越多的电子产品，它们介入了我们的日常活动、沟通与交流等多个方面。因此，越来越多的思想、行为和偏好以数字的方式保存下来，它们被称为数字足迹。这些数字足迹相对容易记录、存储和分析，包括网页浏览记录、在线及离线交易记录、照片和视频、GPS 定位、媒体播放列表、语音和视频通话记录、推特或电子邮件文本等。

比如最常见的电子设备之一——智能手机，它具有通信、娱乐和信息搜索等众多功能。许多人早上睁开眼睛后的第一件事和晚上睡觉前的最后一件事都和手机有关，并且每天都有好几个小时眼睛盯着手机屏幕。有些人甚至在睡觉的时候也在使用手机，比如用于监测睡眠质量。手机上装有各种高精度的传感器，可以持续地记录用户的行为和周遭的环境。传感器的种类包括针对位置和运动的传感器（如 GPS 传感器和加速度计）、与声音（麦克风）和图像（摄像头）相关的组件，还有智能手表这种外部传感器可以跟踪记录脉搏或体温等生理状态。此外，手机上的应用程序还可以辅助并记录用户的通信行为（如电子邮件和短信）、社交行为（如社交媒体和约会应用程序）、身体锻炼（如健康和锻炼应用程序）、消费行为（如购物和银行应用程序），甚至饮食模式（如卡路里计数器）。越来越多的应用程序被应用于我们生活中最私密的部分。我们的电子邮件、搜索记录和在线约会都产生了数字足迹，它们描述了我们最隐私的行为、想法和偏好。

这些设备的使用产生了数量惊人的数据。早在 2012 年，IBM 就估计，人每天会产生 2.5 千万亿字节（即 25 亿千兆字节）的数据。也就是说，地球上的每一个有生命的人都会产生 350 兆字节的数据。为了说明这个数字有多大，可以想象一下为了给未来的历史学家留下数据，我们在 A4 纸上用 12 号字体将 2.5 千万亿字节的数据以 0 和 1 的方式打印出来，由此产生的一叠纸（希望这些纸是可以回收利用的）将有大约 4 亿千米的高度，这几乎是地球和太阳之间距离的 3 倍！此外，我们产生的数据量每年都在增长。据估计，到 2025 年，我们每天的数据输出量将是 2012 年的 200 倍，即每个人超过 62 千兆字节的数据量。再加上不断增长的人口，我们每两天产生的数据量就要达到 1 泽字节（即 10^{21} 字节）！

数字足迹占了这些数据的很大一部分。如此巨大的数据量配合着不断增长的计算能力和现代统计工具，正在从根本上改变心理测量的发展。本章将简要介绍几类十分有用的数字足迹。

数字足迹的类型

使用记录

如今的电子设备可以支持、辅助以及追踪各种线下和线上的行为，产生了大量的使用记录，包括社交媒体活动记录、网络浏览和搜索历史、多媒体播放列表、银行账单等。这些详细的犹如日记一般的记录记载了用户在网络和现实世界中的行为。比如，一款位置追踪应用程序可能会做如下记录："约翰在 2020 年 5 月 8 日下午 3 点访问了帕洛阿尔托市的全食超市。"

使用记录被广泛应用于心理特质和状态的预测。例如，脸书用户的点赞记录，这是最为常见的使用记录类型之一，已被成功用于人格、政治取向、宗教观点、幸福感和智力的测量中（Kosinski，Stillwell and Graepel，2013）。

语言文字数据

从弗洛伊德时代开始，许多心理学家就注意到，一个人的语言使用与其心理状态和特质密切相关。然而，长期以来，语言文字在心理测量中的应用一直受到很大的限制，因为在自然环境中记录语言十分困难，也缺少分析语言的有效工具。而今，自然语言处理的进步和大量的语言文本从根本上改变了这种情况。几乎每一种现代统计编程语言（如 Python、R 语言和 MATLAB）都提供了多种语言数据分析的工具，这些工具功能强大且易于使用。世界各地的人们在社交网络上分享自己的想法、发送电子邮件、合作编写文本文档、在电话中交谈，这些都为生成可以用于心理测量的语言文本创造了机会。

移动传感器

移动设备（如智能手表、健身追踪设备和智能手机）都装有精确的传感器，可以监测用户的行为和周围的环境。各种传感器记录了用户的不同行为，包括身体运动（加速度计）、移动模式（GPS 传感器）、社交互动（蓝牙传感器），以及诸如打喷嚏、清嗓子、咳嗽、吸烟、使用吸尘器或者刷牙等行为（麦克风）。移动传感器产生的数字足迹越来越多地被用于测量心理状态和特质，比如抑郁症、精神分裂症和躁郁症，以及情绪、幸福感和认知能力等。

图像和视听数据

还有一种常见的数字化活动涉及图片、视频和音频的创造和分享。由此产生的数字足迹为研究人类的行为、思想和交流提供了丰富的数据。过去几乎没有人或组织具备足够的运算能力在测量中使用这些数据，但这种情况正在迅速改变。新的计算工具可以从这些数据中自动提取信息，从而节省了大量的时间和精力。自动语音识别技术可以从音频文件中提取文本，视觉图像识别算法可以检测并标记图像中的物体，而广为普及的情绪识别软件（如旷视科技的Face++、IBM 的 Watson 系统和微软认知服务）可以根据人们的面部表情或声音来标记人们的情绪。借助这些最新的成果，心理测量学家得以利用新颖、可靠的数据来开发测量工具。

数字足迹在心理测量中的典型应用

数字足迹正在越来越多地应用于心理测量中。下面我们列举几个较为有效的应用方向。

对传统测量工具的取代和补充

数字足迹正在逐步取代传统的测验和量表来测量心理构念。例如，研究表明，基于脸书的点赞信息、状态更新以及推特内容的人格测验，其信效度可与成熟的人格量表相媲美，甚至更胜一筹。世界各地的学术界和业界研究人员正在推广应用这些数字足迹的工具，测量态度、智力、幸福感等一系列特质和状态。尽管传统的测验和量表有许多优势，应该不会失去其主流地位，但是基于数字足迹的新型工具正越来越多地被用于特定的情境，以补充和取代现有的测验。

新的测量情境和新的构念

基于数字足迹的测量工具可以将心理测量的应用范围扩大到传统测量工具不适用的场合，以及过去难以测量的心理构念。以消费者行为这个领域为例，数十年来的研究表明心理特质和状态可以很好地预测消费者的偏好。然而，这些发现的实际应用是非常有限的。很少有消费者愿意在进入商场后投入时间和精力来填写一份消费者偏好调查表或人格测试。（更不用说几乎没人愿意与销售人员分享他们的人格测试结果。）线上销售的兴起改变了这一点，这类平台通常会采用推荐系统对消费者的数字足迹（例如他们过去的购买记录）进行分析，以掌握他们的产品偏好，并利用分析结果为消费者提供产品推荐。（令人有些意外的是，那些极不愿意与传统零售商分享测量结果的消费者，反而似乎更不介意与数字平台分享他们基于数字足迹的测量结果。）

基于数字足迹的测量还被应用于许多从前没有触及过的领域。如 Spotify 和 YouTube 所采用的音乐和电影推荐系统，会利用用户的数字足迹来预测他们的音乐或电影偏好。约会网站也使用类似的方法来匹配用户。脸书的心理测量算法会对用户进行分析，从而预测哪条内容最有可能吸引用户的注意，哪条广告最有可能被用户点击。

预测未来的行为

心理测量工具在不知不觉中无缝地融入了人们的网络生活（尤其是与传统的测验和量表相比），以至于大家很容易忽略它们的渗透程度。这是因为它们的运作方式与传统的测量方法不同：它们通常由成百上千个维度组成，由此产生的心理画像异常复杂而难以解释。这些画像通常被用在预测未来行为的模型中。虽然对传统的心理测量学家来说，这种方法最初可能听起来很陌生，但预测未来行为一直是心理测量的主要目标之一。由于这种预测的复杂性，传统的心理测量工具一般首先在几个容易解释的潜在维度（如大五人格）上估计一个分数，然后基于这个分数预测未来的行为（如胜任某项工作的概率）。这种预测往往是凭借直觉或经验，而非通过统计模型进行，这大大降低了预测的准确性。为了不加重答题者（由于维度过多）和心理测量学家（由于心理画像结果过于复杂）的负担，用于预测行为的特质数量需要加以限制，而这进一步降低了预测的准确性。正如我们在本章所论证的那样，基于数字足迹的测量工具不会受到类似的限制，因为这些工具可以从答题者的数字足迹中提取成百上千个维度，并用它们来直接预测未来的行为。

研究人类行为

数字足迹可以用于探索新的心理构念与机制。许多我们熟知的心理特质都是通过研究用传统方法收集的行为足迹得到的。例如，学业成绩记录中展现的规律促进了一般智力因素的发现（详见第4章），自我报告的行为和偏好样本对大五人格因素模型的发展提供了帮助（详见第7章）。同样，将现代计算方法应用于大样本的数字足迹，有利于发现新的心理构念，而这些心理构念在较小的传统样本中可能并不明显。

辅助传统测量工具的开发

数字足迹还可以用来辅助传统量表的编制。通过研究数字足迹与传统特质和状态之间的关系，传统量表的开发者可以从中获得一些关于题目的新想法。例如，对脸书点赞信息的研究显示，外向性与"戏剧""社交""拉拉队"呈正相关，而与"玩电子游戏"和"看动漫"呈负相关。尽管有些相关信息并不出人意料，并且已经被用在现有的人格量表（例如"社交"）中，但是其他的相关信息（例如"拉拉队"）可以帮助内向-外向量表开发新的题目。而这些题目具有较低的表面效度，非常适合失实陈述多发的场景（比如在招聘时）。虽然答题者可以相对容易地辨认出"我能熟练地处理社交场合"是内向-外向量表中的一道题目，但对他们来说，"我喜欢电子游戏"这道题目就没那么明显了。

在心理测量中使用数字足迹的优势与挑战

数字足迹正在革命性地改变心理测量这一领域，在带来诸多优势的同时也带来了新的挑战。事实上，数字足迹的长处从另一个角度来看往往也是其最大的短板。因此，要想充分利用数字足迹，就必须对其负面影响加以注意并设法解决。

高生态效度

数字足迹通常是人们在自然环境（如在线社交网络）中从事某些活动时产生的，而不是来自实验室的人工环境。此外，这种足迹在被记录下来的几天、几周甚至几年之后仍能被追溯和保存，而这也是常见的做法。因此，数字足迹往往能捕捉到自然环境中人们自然的和自发的行为，在记录这些数据时，人们并不知道他们的行为将会被分析。换句话说，它们具有很高的生态效度。

这与传统的测量工具形成了鲜明的对比。传统的测量工具记录的，或者是答题者在虚构的能力题目上的表现，或者是他们对过去行为的回忆（这些回忆通常是有偏差且不完整的），或者是主观的、刻意的观点。另外，记录答题者的反应往往是在陌生的、有压力的环境中进行的，比如在评估中心、心理实验室或者心理学家的办公室等。

我们举个例子来说明这个问题。假设一个求职者在申请工作时填写一份人格量表。他遇到了一道测量外向性的题目，"我很容易交到朋友"，这道题目需要使用李克特量表作答，即从"非常不同意"到"非常同意"之间选择一个合适的选项。一个人如何知道自己是否容易交到朋友呢？面对这道题目，有些答题者可能会回忆他们在过去是如何结交新朋友的。可是，如果他们最近不小心得罪了一个陌生人呢？可得性偏差意味着这些最近的经历可能会对他们的作答产生较大的影响。另外，"容易"是什么意思呢？与谁相比？我们都受到参照组偏差的影响：因为我们无法知道普通人有多么擅长交朋友，所以我们只能将自己与朋友或者同事这些容易想到的参照组进行比较。然而，这样的群体可能非常没有代表性，使我们对"容易"的理解产生偏差。即使是一个相对善于交际的人，如果周围有更善于交际的同伴，他也可能认为自己的交际能力一般。同时，求职者可能还会仔细思考，如何回答这个问题可以使自己最有可能获得这份工作。换句话说，他们可能会因为社会称许性偏差而掩盖自己的真实行为。他们甚至可能会事先在互联网上查找测试内容，并记住那些最有可能让他们被录用的回答，而这都属于作弊行为。最后，求职者的行为和回忆在一定程度上会受到和真实的外向性水平无关的因素的影响，比如评价中心这一陌生的环境、招聘者的关注以及反应性等。

数字足迹的高生态效度和可追溯性使其相对不会受到这些问题的影响。由于数字足迹记录的是真实的而非自我报告的行为，所以它不受答题者的注意广度、记忆、精力、动机或主观性的限制。因为数字足迹是回顾性的记录，所以它不太会受到测量环境的影响。此外，数字足迹相对来说也不容易受到作弊和失实陈述的影响。对答题者来说，策略性地调整自陈式量表的作答是较为容易的，但是要在数周、数月甚至数年的时间内持续改变自己的行为，就非常困难了（这几乎是不可能的）。更不用说这些数据通常是回顾性的记录，答题者必须在测量很久以前就预见到自己需要做出这种有利的改变。回到刚才我们讨论的例子中，一个内向的求职者可以很轻易地修改量表的作答，以提高自己的外向性得分。然而，要生成累积数月或者数年的外向性生活方式的数字足迹，就困难得多了。同样，在测评能力时，有些人不择手段渴求成功，他们或许可以在能力测评中作弊而不被发现，但是假如要在现实生活中长期地刻意夸大相应能力的表现，将是一件非常困难的事情。

细节性与时间跨度

数字足迹不但有更高的生态效度，也涵盖了更多的细节，并且可以追溯到很久以前的时间，这些特点都有利于观察特质或行为随时间的变化，这与传统的测验或者量表这种短暂的答题过程形成了鲜明的对比。

设想一下，假如要记录一个人朋友关系网（即自我中心的社交网络）的结构及其随时间的变化，这会有多么困难。即使是最积极的答题者，也不能完全准确地描述自己的交友或者职业网络，因为这个网络通常会包含数百个成员，而他们之间又具有上万条关系线。然而，通过在脸书、领英或者即时通信软件这种数字空间中留下的数字足迹，人们可以轻松快速地提取一个人社交网络的结构及其演变的可靠记录。虽然以这种方式获得的数据并不完整（事实上任何数据来源都无法保证这一点），但是这肯定会比在传统的测评情境下依赖答题者在有限时间内回忆的内容更为全面。

难以控制测量的情境

数字足迹的高生态效度存在严重的缺陷。虽然在现实情境中我们获得了丰富的高生态效度的数据，但这些情境本身并非为测评所设计，其产生的数据也无法直接用于测评。其中一个主要的问题是，现实情境的功能在不断地演变，而这会改变用户的行为以及他们留下的数字足迹的含义。

比如，在早期的脸书中，状态更新的输入框中会有"【用户名】是"（"[User's name] is"）这样的语句，迫使用户以第三人称谈论自己（例如，"某某某正在学习心理测量学"）。2007年12月，这条语句被一个占位符——"你正在做什么"取代，一旦用户开始输入，它就会消失。后来这个占位符的文本又替换为"你在想什么"。这些看似微小的变化极大地改变了用户发布动态的风格。受此影响，基于脸书状态更新的心理测量工具也需要加以修订。

数字平台和数字设备的这种功能变化非常常见，而且往往在不经意间发生，很少像上述例子那样明显。此外，这些变化通常源自数字平台功能本身的特性。比如，谷歌搜索引擎会在用户输入时尝试自动补全用户的搜索内容。随着搜索引擎的发展和搜索趋势的改变，这个自动提示功能的内容也在不断发生变化，这反过来又改变了用户的行为和他们留下的数字足迹。

这类问题在以前也出现过：传统的测量和量表也会受到文化、语言和科技变化的影响，也需要偶尔更新。比如，有这样一道认知能力题目，"邮票之于信件，好比贴纸之于保险杠"。在 2000 年答错这一题可能是认知能力低下的标志，但此后不久，情况就发生了变化，因为答错这一题可能只是意味着答题者太年轻，根本没有见过邮票。幸运的是，基于数字足迹的测量工具的发展可以在很大程度上实现自动化，易于实现版本的更新。

速度与隐蔽性

基于数字足迹的测量还有一个优势，那就是十分快速，且对答题者不构成干扰。传统的测量会在时间、压力和精力上给答题者带来相当大的负担。例如，最流行的人格量表之一 NEO-PI-R（NEO 人格量表修订版）包含 240 道题目，需要大约 40 分钟来填写。因此，如果要获得 3 000 名答题者的人格分数，需要花费总计约 2 000 小时的时间，这比一个美国人平均一年的工作时间还要多（相当于一个德国人 18 个月的平均工作时间）。与之形成对比的是，使用计算机算法对既往的数字足迹进行人格特征的推断，只需要几毫秒。而这种测量可以同时应用于数以百万计的用户，短短几秒或几分钟内就可以计算出每个人的分数。

缺少隐私和控制

高生态效度、隐蔽性、不易受到作弊和失实陈述的影响，这些都是基于数字足迹的测量工具的突出优点。然而，这些特点也对人们的隐私构成了严重的威胁，因为数字足迹可能会在用户不知情或不同意的情况下被使用。

许多公司和机构都会记录和保存数字足迹。尽管各国法律通常要求公司和机构征得用户的同意，但是事实上，一般人并没有时间阅读并理解隐私政策中密集的法律条文。人们的网络浏览记录、社交网络活动、通信和购买行为都会被政府、互联网服务供应商、网络浏览器、社交网络平台、在线商家、在线营销机构、信用卡公司和其他众多机构记录。此外，还有许多数字足迹是公开的，比如博客文章、推特动态和领英简介等。因此，基于数字足迹的工具可以在很多人不知情或者未授权的情况下，测量他们私密的心理和人口学特征。

同时，即使是那些同意将数字足迹用于测量的人也面临着风险。在传统测量中，答题者可以通过调整自己的作答或者直接跳过某些题目来控制自己透露的信息。这是传统测量的缺点之一，但也是其在保护答题者隐私方面的一大优势。在基于数字足迹的测量中，用户难以控制自己透露的信息，这是基于数字足迹的测量的长处之一，但也是其在保护用户隐私方面的一个缺点。另外，数字足迹的来源中通常包含大量的数据，这导致用户难以在提交数据之前进行人工检查。想象一下，在提交数字足迹来估算分数前，检查自己数年间的推特内容、脸书状态更新或者信用卡消费记录，这比填写最长的传统量表都要烦琐得多。此外，我们往往很难预料一条数字足迹会透露出哪些信息。假如你在脸书上为"跳舞"或"表演"点赞，这说明你是一个外向的人，这一点相对容易理解。与此同时，在脸书上给"迈克尔·乔丹"点赞的人也是外向的，对此你能料到吗？

另一个问题是，数字足迹究竟属于用户还是其他人，这个界限并不清晰。用户的页面上有他人的评论，这些评论属于用户本人吗？可以被用于针对用户的测量吗？如果用户在自己的文本中引用了他人的评论又该如何处理呢？如果数字足迹涉及用户相识、约会或者共事的另一个人呢？是否可以在未经对方同意的情况下将这些信息用于测量呢？这些问题非常重要，却很难回答。

我们必须谨慎地控制这些风险。用户（以及政策制定者）对基于数字足迹的测量工具感到焦虑，并担心其隐私受到影响，这是完全可以理解的。如何降低这种风险，其中一种方法是让用户对测量过程有更多的掌控。因为用户通常无法检查他们输入模型的数据，所以可以在告知用户他们的分数与反馈之后，再由他们决定是否与测量组织者（例如招聘人员或者心理学家）分享自己的结果。此外，如果要保存数字足迹并在未来再次使用（用于模型校正等用途），就必须提前征得用户的许可。由于基于数字足迹的模型比传统模型更容易被滥用，潜在的损害要大得多，因此测验开发者和出版商必须密切关注这些测量工具的使用方式。

无法匿名

保护用户的身份也是需要考虑的问题。对数字足迹样本进行匿名处理，是一件非常困难、几乎不可能的事情。事实上，随着公共数据库和搜索引擎的日益普及，即使是小型的传统样本也很难匿名化。例如，研究表明，通过与大型公开数据集中的生日、性别和邮政编码相匹配，可以识别近 90% 的美国人口。而对数字足迹来说，这个问题就更加严重了。银行记录、脸书点赞信息或者推特动态这些内容几乎可以确定是独一无二的，因此可以用于识别个人身份。事实证明，在 3 个月的信用卡记录中，只需要 4 个数据点就可以准确识别 90% 的个体。当掌握了大量的数字足迹时，用谷歌快速搜索一下就可以揭开用户的身份。比如，某位推特用户发布了这样一条推特："《现代心理测量》今天在亚马逊上线了。谢谢你们，约翰和戴维！"识别这个用户的身份易如反掌。

一些方法有助于降低数据去匿名化的可能性，比如可以将数据以多个数据集的方式保存或者在数据中增加噪声。然而，我们还是不能否认，只要付出足够多的时间与精力，依靠用户的数字足迹就可能识别出其中部分或者所有人的身份。因此，即使数据是匿名的，也一定要保护用户的数据，或者干脆不存储这些数据，这是非常重要的。

但同时有些违反直觉的是，基于数字足迹的测量工具所具有的速度、隐蔽性和精度等特性也降低了侵犯用户隐私的需求和动机。如果一个人的特质可以在需要的时候被迅速测量出来，那么也就没有必要（为了查找之前的分数）去识别他们的身份。比如，像纽约时报或卫报这样的新闻网站，其主要的收入来源之一是向读者展示广告，而根据读者的心理特征定制的广告可以带来最高的利润。为了达到这个目的，这些网站会尝试识别读者的身份，并将其与从第三方数据中介机构购买的数据进行匹配，包括邮寄地址、性别、年龄、家庭收入、当前位置、工作和教育经历、点赞、评论、分享、转发、搜索和浏览历史等。很显然，这就是纽约时报在其隐私政策中描述的"可以识别你个人身份的信息"。然而，如果卫报可以在获得许可的前提下，单凭访问者在浏览时留下的数字足迹就能准确测量出其特征的话，也就没有什么必要去识别这些访问者的身份了。

偏差

与传统的测量形式一样，基于数字足迹的工具也会出现偏差。用来开发这些工具的训练样本是由人产生的，这些人会有偏见，对自身的了解有限，所处的环境或许也很不公平。由于基于数字足迹的工具正在应用于愈发重要的场合，比如是否给予被告保释这种会产生意义重大的结果的决定，所以开发者必须控制这些工具所受到的人为偏差的影响。

心理测量的算法和方程并不介意被指出存在偏差，也并不排斥改变。许多方法可以用来估计测量偏差并降低偏差（详见第 3 章），其中也有很多可以应用于数字足迹的测量。在开发测量工具时，我们要尽最大的努力减少偏差，与此同时，我们不应忘记，即使是有偏差的心理测量工具，也往往比它所辅助或取代的人类决策过程更公平。越来越多的研究表明，用心理测量工具辅助或取代人类的判断可以减少歧视这一现象的发生。Kleinberg、Lakkaraju、Leskovec、Ludwig 和 Mullainathan（2018）以在纽约市被捕的 758 027 名被告为样本，研究了法官对被告应该在家还是在监狱中等待审判的判决。这个判决对被告和社会都有影响，因为一个案件可能需要几个月的时间才能解决，一些被告可能不会再次出庭，也可能在候审期间犯下更多罪行。研究结果显示，如果用算法取代法官的判决，犯罪率最多可下降 1/4，而入狱率保持不变，并且种族歧视也会显著减少。

丰富现有的构念

基于数字足迹的预测模型还有助于以更稳健的方式对心理构念进行操作化定义。举例来说，心理学家一直认为，性别不是二分变量，而是一个线性变量。认定某人为男性或女性只不过代表了其在男性化-女性化量表上的位置。某些男性比部分女性更女性化，反之亦然。测量男性化-女性化的量表是存在的，但是因为不方便而很少使用。因此，性别通常还是用二分量表来衡量，这限制了我们对性别的研究，并促进了对性别二分的操作化定义。采用基于数字足迹的模型可以规避这一限制。性别预测模型并不是简单地将人归类为男性或女性，而是生成一个男性化-女性化的分数。这些分数既可以用于为人们划分二元的性别，也可直接作为一个线性的男性化-女性化量表来使用。类似的方法也可以应用于种族、政治观点或宗教信仰这些二分或分类变量。

编制基于数字足迹的心理测量工具

接下来，我们将介绍编制基于数字足迹的心理测量工具的基本步骤。首先，我们将讨论有关数字足迹的收集和分析准备工作等问题。其次，我们将关注如何使用降维技术在大量的数字足迹样本中探索隐藏的行为模式。最后，我们将转向如何以数字足迹为输入建立预测模型。

收集数字足迹

可以用于测评的数字足迹种类繁多，包括语言文本记录、网络浏览和搜索记录、消费和金融交易记录、社交网络数据、地理位置信息、智能手机日志等。数字足迹是否适用可能会因所要预测的结果和目标人群而有所不同。例如，在社交网络平台上产生的足迹可能反映的主要是用户的人格、态度和价值观，因为这些特征在很大程度上影响人们在社交媒体上的行为。同样，玩国际象棋或《我的世界》(*Minecraft*)等在线游戏时产生的足迹受认知能力的影响很大，因此很可能反映了答题者的认知能力水平，可以用于对喜爱这类游戏的年轻人的测评。

收集数据通常是一件既费钱又耗时的事情。因此，在开始收集数据之前，有必要检查一下所需数据是否已经被他人收集过了。许多组织都会收集其员工或客户的数字足迹，并获取将这些数据用于研究的许可。公开数据集的数量也在逐渐增加，其中包含数千到数百万匿名者的数字足迹和结局变量。类似的数据源都可用于初始阶段或成熟阶段心理测量工具的开发和性能测试。

如果没有现成的数据，也可以向第三方数据中介机构购买，或者直接收集个体数据。数字平台通常允许用户导出自己的数据，有些用户可能会自愿提供数据，或者用数据来换取金钱或其他奖励。虽然传统研究中经常使用金钱奖励，但是由于使用数字足迹的项目通常需要大量的样本，金钱奖励的成本可能太高。此外，金钱奖励只能吸引人们参加研究，而不能激励答题者诚实地作答或者自然地表现，反而可能导致不诚实的或者随机的作答，甚至招来职业被试。

用愉快的体验或有趣的反馈来奖励答题者，可以使答题者和研究者的利益更加一致。例如在过去的一项研究中，我们发布了一个在线人格测试，并向答题者提供了其作答分数和详细的结果反馈。答题者可以自愿将他们的作答数据和从脸书导出的数字足迹赠予我们研究使用，大约 1/3 的答题者慷慨地同意了这一请求。使用反馈而非金钱奖励的方式可以促使答题者诚实地回答问题，否则他们花费在填写问卷上的时间就白白浪费了。此时得到的数据从很多心理测量学指标（比如重测信度和预测效度）来看也具有很高的质量。此外，我们得以收集到大量答题者（超过 200 万人）的数据，如果我们为每个答题者都提供金钱奖励，即使很少，这也是不可能完成的事情。

此外，用吸引人的反馈（或其他非金钱的奖励方式）激励答题者，可以帮助研究人员以病毒式传播的方式收集数据（也就是社会学家所说的滚雪球抽样），即鼓励答题者邀请其他人参与。如果答题的体验足够具有吸引力，答题者的数量会快速增长，为研究者开发基于数字足迹的工具提供大量的数据。不过需要注意的是，虽然病毒式传播的方法成本相对较低，可以产生巨大的数据集，但是收集到的数据可能会有偏差。因为人们往往与和自己相似的人成为朋友，所以最先参与项目并邀请他人的答题者可能会不成比例地影响样本的构成。另外，受欢迎的人由于社交范围很广，更可能会被收入样本之中。因此，采用这种方法的研究者应仔细验证样本的代表性，并通过加权和其他统计方法进行修正。

使用谷歌和脸书等在线广告平台是另一种可以减少样本偏差或者招募罕见答题者的方法。这种平台可以基于多种偏好（如在脸书上给"早上早起"点赞）、行为（如搜索"抑郁症如何自我诊断"）和人口学变量（包括位置、受教育程度、语言、政治观点、种族和收入等）来招募答题者。采用这种方法可以获得具有代表性的样本，也可以接触到平时社会科学研究中代表性不足的受访者，比如在现实世界中被污名化的人，抑或不愿与研究人员面对面交流的人。

在收集数据时务必要考虑到答题者的隐私。虽然许多答题者可能会自愿提供公开的推特内容或者播放列表用于测量自身的心理特征，但很少有人愿意分享自己的银行流水。即使答题者愿意分享这些数据，也很少有测试开发人员和管理员愿意或者能够合法地收集、分析和保存这些敏感数据。与许多其他研究领域中的情况一样，可以获得数据并不意味着可以将其用于研究或者商业目的，因为这可能并不合法或者合乎伦理道德。

需要多少数据？

和大部分数据驱动的项目一样，能获得的数据通常越多越好。然而，由于收集数据费时、费力又费钱，最好能确定到底需要多少数据。需要的数据量取决于很多因素，比如数据的质量、数字足迹和结局变量间的相关性、测量的期望精度等。此外，收集到的数据中可能有相当大一部分几乎毫无用处，因此必须丢弃，我们在后面的内容中会对这一点进行详细介绍。

因此，预先估计所需数据的确切数量几乎是不可能的，但是可以依照过去的类似项目进行推断（许多文献中都有详细的论述），或者通过实验进行估计，即预先收集少量数据（试验性样本），设计一个测量工具的雏形并进行测试，然后决定还需要多少数据才可以达到理想的水平。

根据我们的经验，开发基于数字足迹的心理测量工具，通常需要几万到几十万用户的数据。

分析数字足迹的准备工作

当收集好全部（或者部分）数字足迹后，就可以开始为分析工作做准备了。

用户-足迹矩阵

大多数数字足迹（如文本、网页浏览记录、购买记录、在线播放列表或脸书点赞信息）都可以用用户-足迹矩阵来方便地展示。图 8.1 为一个虚拟的用户-足迹矩阵，展示了若干用户的网站访问记录。该矩阵的行代表用户，列代表网站，每个单元格记录了特定用户访问特定网站的次数。例如，贾森访问了google.com 13 次，访问了 facebook.com 9 次。

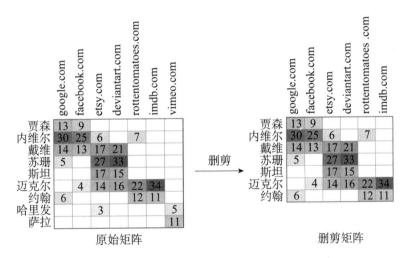

图8.1　一个虚拟的用户-足迹矩阵

注：图中展示了网站的访问频率及其删减后的版本（详情请参见正文）。每个单元格代表了特定用户访问特定网站的次数。为增强可读性，所有单元格都基于频率大小添加了阴影。为了清楚起见，所有的频率 0 以空格标记。

用户-足迹矩阵的单元格可以用于展示用户与足迹间多种多样的关系。比较常见的是频率，比如访问某个网站的次数，或者在推特或电子邮件中使用某个词的次数。有时这些数据是二分变量，例如，由于脸书用户只能为一个给定对象点赞一次，因此，用户-点赞矩阵的单元格中只能包含两个值：如果某个用户曾经为某个对象点赞，则取值为 1，否则取 0。在其他情境中，我们也可以用这些单元格来表示其他类型的数值，例如在某个网站上花费的总时间（或平均时间），或者在某类商品上花费的总金额。

数据稀疏性

在数字足迹的样本中有一个很常见的现象，即很大一部分足迹和用户都只在数据中出现一次或几次。以网站浏览数据为例，即使是一个热衷上网的人，也只会访问所有网站中的一小部分。同样，虽然有少量几个热门网站（如google.com 或 facebook.com）可能被很多网络用户访问过，但是大部分的网站只有极少数的访问量。因此，用户-足迹矩阵往往是稀疏的，大部分是空白的（即大部分单元格的值为 0）。

由于用户-足迹矩阵通常极为巨大，因此最好将其以稀疏格式存储，即只保留非零值以节省存储空间。大多数现代数据分析工具，如 R 语言、MATLAB 和 Python，都可用来构建稀疏矩阵。为了说明以稀疏矩阵格式存储数据的好处，我们可以想象这样一个数据集，其中包含 10 万个用户对 200 万个不同网站的访问记录。由此产生的用户-足迹矩阵非常庞大，有 10 万行（代表用户）、200 万列（代表网站）和 20 亿个（100 000 × 2 000 000）单元格。假设平均每个用户访问了 400 个不同的网站，那么此时，20 亿个单元格中只有 4 000 万（100 000 × 400）即 0.02% 的单元格包含非零值。假如不用稀疏格式来表示这个矩阵（即存储包括 0 在内的所有值）的话，需要 1.5TB 的存储空间，过去只有在间谍和火箭科学家们使用的计算机上才能做到。然而，相应的稀疏矩阵则只需要 500MB 的存储空间，即使是现在最普通的电脑也能轻松处理。

此外，由于数据集中只出现过一次或几次的用户和足迹在后续分析中通常用处不大，所以可以将其删除，以减少数据集的规模和统计分析所需的时间。实现这一点相对简单，可以直接删除用户-足迹矩阵中非零单元格出现次数小于特定阈值的行和列。但要注意的是，删除用户可能会导致部分足迹数据降低至阈值以下（反之亦然），因此需要不断重复这一删除的过程，直到矩阵中的所有用户和足迹数据都高于相应的阈值。

以图 8.1 中的用户-足迹矩阵为例，我们假定每个网站需要至少两个不同的用户访问，同时每个用户也需要访问至少两个不同的网站，其数据才能被保留。最初只有萨拉低于这个阈值，因为她只访问了一个网站。然而删除萨拉后，vimeo.com 只剩下了哈里发一个访客，其访问量也低于阈值。而删除vimeo.com 则会导致哈里发的网站访问数量也低于阈值而被删除。

应该如何选择用于删除用户或者足迹数据的阈值（最低频率）呢？如果

阈值设置得太高，可能会将有用的数据也一并删除。如果阈值设置得太低，就会大大增加分析所需的时间和算力资源。与其他类似的决策一样，我们可以让数据来说话：在不同的阈值情况下按照既定计划分析数据，随着阈值的改变，观察分析结果的质量并计算时长的变化情况。开始时采用一个比较高的阈值（该阈值可以删掉很大一部分样本），然后逐步降低阈值，直到模型的准确性（或其他质量指标）不再有显著提高或分析所需的计算资源过高时为止。

降低用户-足迹矩阵的维度

构建好用户-足迹矩阵后，就可以进入下一步：降维（参见第 4 章和第 7 章）。降维通常是无监督的，意思是降维算法不会获得关于结局变量（如人格）的任何信息，而仅仅依靠用户-足迹矩阵所反映的模式信息。

图 8.1 所示的用户-足迹矩阵显示了网络用户浏览行为的几种模式。经常访问谷歌的用户也会访问脸书。同样的情况也出现在艺术相关（etsy.com 和 deviantart.com）和电影相关（imdb.com 和 rottentomatoes.com）的网站之中。在真实的用户-足迹矩阵中，也存在类似的行为模式，这是因为人类的行为和他们留下的数字足迹不是随机的，而是遵循固定的模式。如果一个个体表现出某一种外向性的行为，那么他很可能也会表现出其他外向性的行为（他可能是一个外向的人）；如果一个人表现出某些抑郁的症状，那么他很可能也会表现出抑郁的其他症状（他可能有抑郁症）。这种固定模式的存在意味着我们可以降低用户-足迹矩阵的维度，用较少的维度对其进行归纳（这与第 4 章和第 7 章中对人格量表作答的降维方式相同）。

降维是许多数字足迹应用的最终目标。探索数字足迹数据集中出现的维度有助于发现新的心理构念和机制（如前文所述，通过对传统数据的降维发现了一般智力和人格五因素模型等构念）。例如，从音乐流媒体平台用户产生的足迹中提取维度，研究这些维度可以增进我们对音乐偏好的理解。即使这些维度可能难以解释或者并不新颖，能够测量这些维度也是极为有用的。比如刚刚提到的音乐流媒体平台上的足迹，其维度虽然没有带来全新的理论贡献，但是可以用于推荐歌曲，并向用户提供有趣的反馈。

很多方法可以用于数据降维。在第 4 章和第 7 章中，我们讨论了适用于量表数据的因素分析方法，接下来我们重点讨论两种常用于大数据的方法：以奇异值分解（SVD）为代表的基于特征分解的方法，以及以隐含狄利克雷分布（LDA）主题模型为代表的聚类分析方法。下面我们详细介绍这两种方法。

奇异值分解

SVD 是一种热门的降维方法，与主成分分析（PCA）相似，也在许多方面和因素分析类似。PCA 是一种广泛应用于心理测量学和社会科学的数学方法。在中心化的矩阵上进行 SVD 等同于 PCA，因此 PCA 也可以看作 SVD 的特例。SVD 的计算效率更高，因为它不需要将矩阵与其转置相乘，这一步骤在处理大型矩阵时计算成本很高。

SVD 由于速度快、计算效率高，因此被广泛应用于计算社会科学、机器学习、信号处理、自然语言处理和计算机视觉等众多领域的大型数据集运算。

常见的统计编程语言（如 Python、R 语言和 MATLAB）中有现成的函数，可以使用 SVD 对矩阵降维。为了节省计算资源，建议使用稀疏 SVD 函数，或者可以直接输入稀疏矩阵而无须将其转换为非稀疏格式的函数。SVD 将一个矩阵分解成三个矩阵（U、V 和 Σ）来表现其底层结构。矩阵 U 和 V 由奇异向量构成，奇异向量归纳了原始矩阵的特征。对角矩阵 Σ 由奇异值构成，奇异值的大小表明了每个奇异向量的重要性。（对角矩阵中只有对角线上的单元格里有值。）U、Σ 和转置 V 的乘积（$U\Sigma V^{\mathrm{T}}$）等于原始矩阵。

第一个奇异向量代表了矩阵中最为重要的模式，此后的奇异向量所代表的模式重要性递减。因此可以通过删除部分不太重要的奇异向量来对矩阵降维。删减后的矩阵 U、Σ 和 V^{T} 的乘积并不完全等同于原始矩阵，而只是一个近似值。

在进行奇异值分解之前，通常的做法是将数据中心化（即用矩阵中每一列的数据减去该列的均值），否则第一个 SVD 向量会与行和列中对象的频率有很强的相关性。然而，在大型矩阵中中心化通常是不可能的，因为矩阵的稀疏性会因此而消失（在稀疏矩阵中被跳过的大多数零值会变成非零值）。

保留多少奇异向量？

在降维时，需要考虑的一个主要因素是保留的维度数量（详见第 4 章）。这个决定很重要，理想的维数不仅取决于给定矩阵中数据的属性，还取决于既定的用途。较少的维度易于解释和可视化，因此，以探索和解释数据结构为目的的研究通常选用较少的维度。选择较多的维度可以保留原始矩阵中更多的信息，这对建立预测模型很有帮助。然而，假如保留太多维度，就无法达到上文所述的降维的目的，甚至反而会降低预测的精度（由于过度拟合等原因）。

在决定要保留的维数时，可以按顺序参考每个奇异向量所解释的原始矩阵的方差。（存储于矩阵 Σ 中的奇异值的平方与给定的奇异向量所解释的原始矩阵的方差成正比。）图 8.1 中的用户–足迹矩阵在删减后按顺序提取了若干奇异向量，图 8.2 展示了它们所解释的方差，这张图由于其形状而被称为碎石图。常用的经验法则是，保留前几个奇异向量直至它们加在一起所解释的原始数据的方差超过 70%。因此，在这张图中需要保留前三个奇异向量，它们总计可以解释原始矩阵中约 77% 的方差。另一种方法是，保留碎石图中拐点出现以前的奇异向量。依据这一原则，我们同样需要保留前三个奇异向量，因为在碎石图中，在第四个奇异向量处有一个明显的拐点。

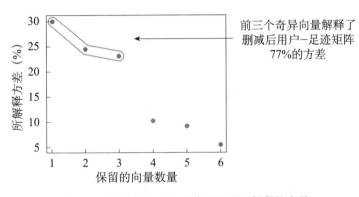

图8.2　按顺序提取的每个奇异向量所解释的方差

注：奇异向量取自图 8.1 所示用户–足迹矩阵的删减版（右侧图）。

我们也可以用数据驱动的方式来确定要保留的最佳维数，也就是说，我们可以检验心理测量的准确性如何随所保留维度的数量而变化。按照本章后半部分描述的步骤，分别使用一个、两个、三个、四个（依此类推）维度，并评估所得测量结果的质量。通常情况下，精度会随着保留维数的增加而快速提高，此后提高的速度会趋于平缓，因为每个新增维度所提供的额外信息会逐渐减少。当模型精度不再快速提高时，当前数量的维度很好地平衡了所保留的信息量、计算的速度以及模型的可解释性。要注意的是，对整个数据集进行这种分析需要很高的计算成本，因此可以考虑从整个数据集中随机选择一个子样本（更好的办法是随机选择几个子样本）进行分析。

解释奇异向量

现在让我们来看一下从图 8.1 删减后的用户–足迹矩阵中提取的前三个奇异向量。如图 8.3 所示，矩阵 U 和 V 分别为用户和网站的奇异向量得分，每个单

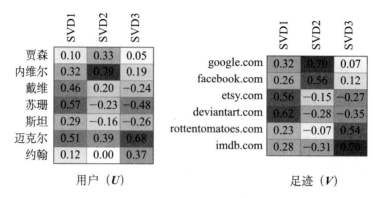

图8.3 用户（矩阵 *U*）和网站（矩阵 *V*）在三个奇异向量上的得分

注：奇异向量取自图 8.1 所示用户-足迹矩阵的删减版（右侧图）。

元格根据其绝对值进行上色，绝对值越大，单元格的颜色越深。

矩阵 *U* 和 *V* 揭示了原始矩阵的几个特征。如前所述，当对非中心化的矩阵进行奇异值分解时，第一个 SVD 向量（SVD1）与行和列中对象的频率有很强的相关性。本矩阵中也是如此：SVD1 与用户-足迹矩阵中网站的受欢迎程度呈强相关（*r*=0.93）。访问量最大的网站 deviantart.com 的 SVD1 得分最高，而人气最低的网站 rottentomatoes.com 得分最低。

解释奇异向量时，还可以探索与给定向量相关性最强（正或负）的网站之间的共性。etsy.com 和 deviantart.com 是两个与艺术相关的网站，它们在 SVD1 上的得分很高，这说明 SVD1 可能反映了人们对艺术的兴趣。这一点也体现在用户在 SVD1 的得分（矩阵 *U*）上：SVD1 得分最高的人（苏珊、迈克尔和戴维）访问了很多网站，并且对艺术相关的网站很感兴趣。类似地，SVD2 可能反映了人们对 google.com 和 facebook.com 的兴趣，这些网站及其最活跃的用户都在 SVD2 上有很高的得分。而 SVD3 则反映了人们对电影相关网站（rottentomatoes.com 和 imdb.com）的兴趣。

旋转奇异向量

仔细观察图 8.3 中的矩阵 *U* 和 *V*，我们会发现解释奇异向量时会遇到的一个常见问题。由于 SVD 会尽可能增大第一个及后续奇异向量所解释的方差，这导致最初的几个奇异向量与许多用户和足迹都有较强的相关性，使得 SVD 的结果难以解释。大多数网站和用户在三个奇异向量上的得分都相对较高（或正或负）。

为了简化奇异向量的结构并提高其可解释性，我们可以采用因素旋转的方法。因素旋转可以用于简化数据中提取出来的维度结构，比如此时的奇异向

量。因素旋转采用线性的方式将原始的多维空间转化为一个新的、旋转后的
空间。旋转的方式可以是正交的（即维度间不相关），也可以是斜交的（即旋
转后的维度间可以相关）。常用的旋转方法包括方差最大正交旋转（varimax）、
四次方最大正交旋转（quartimax）、平均正交旋转（equimax）、直接斜交旋转
（direct oblimin）和迫近最大方差斜交旋转（promax）。常用的统计编程工具
（如 Python、R 语言和 MATLAB）都提供了可以旋转奇异向量的函数。这里我
们采用方差最大正交旋转的方法，它可以将与每个变量相关的维数和与每个维
度相关的变量数都最小化，从而提高结果的可解释性。图 8.4 展示了从图 8.3
中提取的奇异向量在进行方差最大正交旋转后的结果。

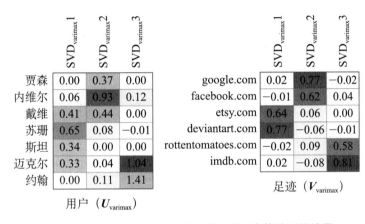

图8.4　图8.3中的奇异向量在方差最大正交旋转后的结果

对方差最大正交旋转后奇异向量的解释就相对简单得多了。从方差最大正
交旋转后的矩阵 V 中可以看出，第一个旋转后奇异向量（$SVD_{rot}1$）代表的是
与艺术相关的网站，etsy.com 和 deviantart.com 的得分很高，而其他网站的得
分接近于零。$SVD_{rot}2$ 代表的是 google.com 和 facebook.com，$SVD_{rot}3$ 则代表和
电影相关的网站。正交旋转后的矩阵 U 也很清楚明了，例如苏珊、戴维、斯坦
和迈克尔对艺术类网站有明显的偏好（见图 8.4），在 $SVD_{rot}1$ 上得分很高。事
实上，戴维在 $SVD_{rot}1$ 和 $SVD_{rot}2$ 上的得分都很高，这反映了他对 google.com、
facebook.com 和艺术类网站共同的偏好。

对上述例子的解释主要着眼于在特定奇异向量上得分较高的网站间的相似
性，比如我们将 etsy.com 和 deviantart.com 都归为艺术类网站。此外，我们也
可以探索得分相近的用户之间的相似性，以此来解释这些向量。比如，如果用
户的外向性与其中一个奇异向量高度相关，那就意味着该向量反映了与这种特
质相关的一些行为。

LDA 主题模型

接下来，我们将注意力转向 LDA，这是一种常用于大型数据集的聚类分析技术。LDA 常常用于研究语言文本的特征，因此在 LDA 的命名法中，用户被称为文档（documents），数字足迹被称为词（words），而聚类被称作主题（topics）。当然，这种方法也可以灵活地应用于非文本数据，只要数据完全由正整数组成（例如消费者购买的产品数量或者访问特定网站的次数）。LDA 是最易于解释的聚类方法之一，因为它生成了一系列的概率，这些概率清楚地量化了用户、足迹和潜在聚类之间的关联。所有常见的统计编程语言（如 R 语言、Python 和 MATLAB）中都有 LDA 库可供使用。

狄利克雷分布的参数

现在我们对图 8.1 中所示的用户-足迹矩阵进行 LDA 分析。在进行 LDA 分析时，一个重要的步骤是决定狄利克雷分布的浓度参数 α 和 δ。对于（大多数 LDA 所使用的）对称狄利克雷分布来说，α 调节用户所属的聚类数量，而 δ 调节每个足迹所属的聚类数量。采用较大的 α 和 δ 可以增加每个用户和每个足迹所属的聚类数量，对所生成聚类结构的限制较少，因此可以增加保留的信息量。另外，较低的 α 和 δ 值会生成更鲜明且更容易解释的聚类，其中每个用户和每个足迹都只和少数几个聚类相关。

常用的取值是 $\alpha=50/k$（其中 k 是要提取的聚类数量）和 $\delta=0.1$ 或 $200/n$（其中 n 是用户足迹矩阵的列数）。

确定 LDA 聚类的数量

接下来，我们需要确定要提取多少个 LDA 聚类。和 SVD 的情况一样，理想的维度数量取决于既定的用途。少量的聚类更容易进行解释和可视化，而大量的聚类可以保留原始矩阵中更多的信息，从而在一定程度上提供更精确的预测模型。

普遍的方法是提取不同数量的 LDA 聚类，并检查模型的拟合度。从图 8.1 所示的用户-足迹矩阵删减版中提取不同数量的聚类，图 8.5 展示了聚类的数量与对应的赤池信息量准则（AIC）的关系。AIC 是 LDA 函数中经常报告的一个模型拟合度估计值，数值越小，拟合度越高。在初始阶段，AIC 迅速减小，这表明每增加一个聚类，模型拟合度就会大幅提高。当聚类数量足够多，能够很好地表示数据的特征时（此时的 k 大约为 3 或 4 个聚类），连线就会趋于平缓，因为即使再增加聚类的数量也无法显著提高模型的拟合度。

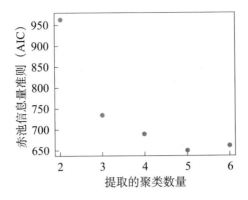

图8.5　从图8.1用户-足迹矩阵删减版中提取的LDA聚类数量与AIC的关系

注：提取的最小聚类数 k=2。

要注意的是，当给定聚类数量并估计 LDA 模型的拟合度时，需要进行 LDA 分析。由于这一过程在大型数据集上可能会非常缓慢，所以建议使用数据的子集，并选取非连续的聚类数量（例如，5 个、10 个、20 个和 50 个聚类，而不是 2 ～ 50 之间的每一个值）。

解释 LDA 聚类

我们使用 LDA 主题模型从图 8.1 所示的用户-足迹矩阵删减版中提取了三个聚类。由于这个用户-足迹矩阵太小，我们没有采用推荐的 α 和 δ 值，而是将它们都设置为 0.1。

图 8.6 呈现了 LDA 主题模型生成的两个矩阵，分别展示了聚类与网站之间的关系（矩阵 β）和聚类与用户之间的关系（矩阵 γ）。矩阵 β 中的数据为特定网站被访问的概率（在一个聚类中的相对值）。以 LDA1 为例，这个聚类集合了艺术相关的网站，当一个用户访问聚类中的网站时，选择 deviantart.com 的概率为 0.53，选择 etsy.com 的概率为 0.46，选择 google.com 的概率为 0.01。请注意，每一列的概率之和都是 1[①]，因为每一列包含了所有可能出现的互斥事件，如果一个人访问了一个给定的聚类，那么他必须选择矩阵中的某一个网站。

矩阵 γ 中的数据为用户访问给定聚类中某一网站的概率。例如，戴维访问 LDA1 聚类中网站（etsy.com 和 deviantart.com）的概率为 0.6，访问 LDA2 聚类中的网站（google.com 和 facebook.com）的概率为 0.4。这与图 8.1 中的用户-足迹矩阵是一致的，在用户-足迹矩阵中，戴维只访问了上述聚类中的网站，并且更偏向于访问属于 LDA1 的网站。在矩阵 γ 中，每一行的概率总和为

①　受计算过程中四舍五入的影响，并非每一列的概率之和都是1，每一行的概率之和情况也是如此。——译者注

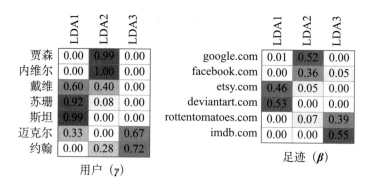

图8.6　从图8.1用户-足迹矩阵删减版中提取的三个LDA主题

注：矩阵 γ 显示了聚类和用户之间的关系，矩阵 β 显示了聚类和网站之间的关系。

1，因为一个人访问的每个网站都必须属于某个 LDA 聚类。请注意，LDA 分析的结果与 SVD（采用方差最大正交旋转）得到的结果非常相似。

建立预测模型

如上文所述，利用从用户-足迹矩阵中提取的特征可以得到有价值的见解，有助于发现新的心理构念和机制，它们还可用于构建模型，预测未来的行为、现实生活中的表现以及心理人口学特征等。这些模型可以补充或者替代传统的测评工具。

预测模型的开发与训练相对简单，常用的统计编程语言（如 Python、R 语言和 MATLAB）中都含有可以实现下述步骤的函数。

第一步，将用户的数字足迹与预测模型所要测量的结局变量进行匹配。结局变量可以是传统量表给出的人格分数、智力测验分数，或者实际生活中的表现与行为，比如工作绩效评定和学业成绩等。通常情况下，可以使用传统的测验和量表收集结局变量，这一过程与收集数字足迹同时进行。有时也可以直接从数字足迹中提取结局变量。比如要构建一个工具，这个工具可以用学生在其他课程中的表现来预测其在某门特定课程中的表现，此时预测变量和结局变量来自同一数据集。

第二步，将样本划分为训练集和测试集。训练集（通常占全部数据的80% ～ 90%）用于训练预测模型，而测试集用于检验模型的准确率等评价指标。

第三步，按照前述步骤对训练集里的数字足迹降维。有时预测模型可以使用原始的用户-足迹矩阵作为输入，而降维有以下几个好处：一是在用户-足迹矩阵中，足迹的数量往往多于用户的数量，在这种情况下，降维是非常必要的，因为许多统计分析和预测模型都要求用户的数量多于变量的数量（最好是多很多）。二是减少特异数字足迹的数量可以提高结果的统计功效，并降低过度拟合的风险（过度拟合指的是一个模型只能很好地拟合一组特定的数据，而无法可靠地推广到未来其他或类似的数据集上）。三是降维将相关的变量合并为一个维度或者一个聚类，这消除了数据的多重共线性和冗余性。四是降维缩小了数据的规模，从而减少了分析数据所需的计算资源。

第四步，用上一步中获取的用户的奇异值得分（或 LDA 聚类属性）作为预测变量，来训练针对结局变量的预测模型。有许多模型可以使用，比如深度神经网络、概率图模型或支持向量机这些相对复杂的方法，还有线性回归和逻辑回归这些更简单的方法。在现实中，较为合理的做法是先从简单的预测方法开始，然后转向复杂的方法。简单的方法不仅易于实现、计算起来更快、不易出现错误，还提供了一个良好的基线水平，可以借此评判复杂方法是否带来了准确率的提升（或者降低）。

第五步，将第三步和第四步中开发的预测模型应用于第二步中预留的测试集。首先使用第三步中在训练集上开发的降维方法来估计用户的奇异值，然后将其输入第四步训练的预测模型中，计算结局变量的预测值。

第六步，对用户的得分进行检验，采用的方式与新开发的传统测验和量表的得分检验相类似。具体来说，需要估计得分的信度与效度，检查是否存在偏差，并制定常模（详见第 3 章）。在传统测量工具中使用的大多数方法也适用于基于数字足迹的得分。接下来简单介绍其中的一些方法。

在估计传统测量工具的预测效度时，我们会检验其是否能够预测给定特质理应预测的结果。对基于数字足迹的心理测量量表也可采用相同的方法来估计其预测效度。比如，神经质得分应该可以很好地预测生活满意度或者抑郁史。量表的共时效度描述的是其与测量相同构念的其他量表的相关性。可以计算第五步中训练的量表与结局变量的相关性，以此来衡量该量表的共时效度。

在判定重测信度时，可以使用同一用户在两个不同时间点产生的两个数字足迹样本，分别计算得分并求出分数之间的相关性。类似地，可以将用户-足迹矩阵（按列）随机分为两部分，并计算两部分得分的相关性，以此来评判分半信度。

如果读者想了解更多关于如何从数字足迹中提取维度并建立预测模型的信息，可以访问以下网站并获取实践教程：www.modernpsychometrics.com。

小结

　　我们的生活逐渐被数字产品和服务包围，它们渗入了我们的日常活动、沟通与社会交往中。因此，越来越多的思想、行为和偏好都以数字足迹的方式保留下来。这些数字足迹可以很容易地记录、存储和分析。借助不断进步的计算能力和现代统计工具，这些海量的数据正在从根本上改变心理测量学的未来。传统上通过测验和量表测量的心理构念，以及那些难以测量的新构念，正越来越多地借助数字足迹来进行测量。与传统工具相比，基于数字足迹的测量工具有许多优势，例如高生态效度、更广泛的追踪性的行为记录、更快的速度和更强的隐蔽性等。然而，数字足迹也有明显的缺点，比如潜在的偏差，用户难以控制测量过程。如果把握不当，基于数字足迹的测量可能会在未经许可或不知情的情况下侵犯人们的隐私。

第 9 章　智能机器时代的
心理测量

心理测量计算机化的历史

事实证明，心理测量的流程特别适合计算机化。然而，这是一个十分敏感的领域，尤其是在隐私权方面。原因在于，测试中通常包含有关答题者心理构成的信息，而这些信息又主要依赖于互联网或计算机进行评分，一旦进行了评分，相关数据就可以很容易地转移到数据库中。此外，利用机器学习和人工智能可以从看似浅显的数据集中提取个人信息。这些信息一直为人事和信用评级机构、保险和营销行业、执法机构和安全部门所感兴趣，它们利用这些信息可以准确地对人们未来的行为做出预测。而人工智能与大数据的结合能够以更加准确的方式提取到个人信息甚至是私密信息，因此，我们应该额外加以注意。一段时间以来，虽然对于大多数人来说，信息技术的影响并不怎么明显，但是在大学入学考试、职业认证考试、标准化成就测验和临床评分工具等方面，信息技术的贡献越来越大。与此同时，计分、测验设计以及信度和效度评估等方面的计算机化也显著提高了测试结果的准确性，这一过程正在以越来越快的速度向前推进。

对于心理测量来说，大型的数据集并不是什么新鲜事。早在第一次世界大战期间，美国就使用其研制的陆军阿尔法智力测验对100多万名新兵进行过测试。然而，在100多年前，分析如此大规模的数据库在统计上所面临的挑战是无法克服的。如果将所完成的纸笔答卷放入档案柜中，这些档案柜连接起来可以超过一千米。人工智能（AI）最初由专家系统发展而来，该系统将推理机与知识库相结合，提供专业的医疗、法律或经济建议。如今，人工智能越来越依赖于现代机器学习（ML）算法，而这些算法本身依赖于大数据，这直接导致机器学习和人工智能这两个术语或多或少已经成为同义词。机器学习算法起源于关于神经网络的神经心理学研究。因此，虽然在今天看来，心理测量和机器学习似乎是一对奇怪的组合，但它们有着共同的起源，即人类心理与统计的交叉研究。尽管早期的心理测量学家确实开发了诸如因素分析等新颖的技术，并在一个没有计算机的时代尽其所能地迎接挑战，但最近我们发现，这门学科正处于大数据分析、超高速数据处理和人工智能的交叉领域。电子通信的变革之风对我们这门学科来说就像飓风一般。这一切究竟是如何发展的呢？

统计的计算机化

计算机化的影响发生在几个层面。第一个层面主要是统计软件包的发展，这些软件包最初只能在大型计算机上使用，之后逐渐也应用于个人计算机。心理测量中的大多数问题都由矩阵和向量代数扩展而来，这两个领域因为统计软件包的出现而获益匪浅。在 20 世纪 60 年代以前，心理测量的主要限制因素是需要进行大量运算而产生的时间问题。在因素分析中，对矩阵求逆是必不可少的，但是相当耗时。此外，复杂方程的求解过程需要多次迭代，每个主要算法都需要重复循环。60 年代，为了解决这一问题，一种可以在计算机上使用、简单但仍然耗时的解决方法首次被推出。到了 80 年代，因素分析程序已经可以在微型计算机上使用了。而到了 90 年代，复杂的模型也已经在所有的个人用户中得到普及。

虽然用户可以随时使用各式统计软件包，但是难点在于他们常常并不清楚自己究竟在做些什么。这些计算机程序提供了无数种数据分析的方法、各种各样的显著性检验以及旋转后不同的因素结构，但对于许多页的图表中哪些才是真正重要的部分却几乎只字不提。毫无疑问，知识工程技术（由知识库和推理机组成的专家系统）的使用改变了这种状况。现在，配置了系统分析性专家系统的人工智能可以指引医生、律师以及会计师完成结果分析所需的全部步骤——从最初的假设到最终的结论。

题库的计算机化

计算机化对题库的开发与施测也产生了非常重大的影响。正如本书第 5 章所言，项目反应理论（IRT）的发展，以及题目层面用于估计题目参数的数据，使得题库中大部分的日常维护都能够自动完成。用于推导参数的模型涉及复杂的迭代，在 20 世纪 70 年代，由于在计算机上分析双参数或者三参数模型消耗的时间过多，几乎所有的题库都是基于单参数的拉什模型，尽管人们已经意识到了它的不足。然而，到了 80 年代，比较复杂的模型运行起来已经不再具有挑战性，因而开始广泛应用。基于 IRT 模型的计算机自适应测试（CAT）可以依据答题者在测试初期题目的作答情况对其能力做出暂时性的估计，并运用这一信息为接下来的测试选择适当难度的题目。如果充分地利用这种方法，测试所需的题目数量可以减少 50% 以上，从而节省测试时间并提高准确性。

在测验开发中使用 IRT 模型的一个典型例子是差异能力量表（DAS），该测验由培生测评于 1990 年在美国出版发行。20 世纪 70 年代末，拉什模型受到了人们的质疑，人们一度认为在编制量表时使用这种模型是一种错误。然而，事实证明，这个测验本身总体来说设计精良、实用性强。因此，虽然需要谨慎对待，但是仍然建议继续使用拉什模型来编制测试数字能力以及其他计算能力的分量表。事实上，这些量表在儿童临床评估中尤为实用。尽管存在一些疑虑，但从不同题目子集跨能力水平的泛化来看，它们绝对是有效的。英国能力量表（British Ability Scales）的原作者科林·埃利奥特（Colin Elliott）认为，许多针对拉什模型的质疑来自套用现有数据时出现的问题，或者是在设计测验数据时就没有专门考虑与该模型的适配性。如果慎重地使用拉什模型，并充分了解其局限性，正如 DAS 的开发一般，就可以很好地利用其不依赖答题者且不依赖题目的特性。

题目生成的计算机化

计算机化的心理测验并不总是依赖于既有的题库。还有一种可能，即在施测的同时开发新的题目或者修改现有的题目。应用计算机设计题目主要基于一系列标准的题目格式。许多题目都有一个保持不变的框架，而其中的元素可以调整。比如，使用"对象-关系"这一格式，a 之于 b 好比 x 之于 y，例如"手套之于手好比袜子之于——"（脚）。有数以百万种可能的语义集可以自动组合构建这样的题目。许多其他类型的题目也同样如此。事实上，基本的题目类型是相当有限的，真正的区别来自它们所承载的无数的元素。在许多场景中，可以准备一系列合适的元素，并将其嵌入特定的格式中，生成大量的新题目。这一方法尤为适用于记忆测验，以及知觉和数字测验等。事实上，几乎所有的题型都可以应用一定的计算机化方法。这样做的好处不少，特别是能够生成许多新的题目，有利于那些需要答题者参与多次测试的场合。20 世纪 90 年代，英国部队招募成套测验（British Army Recruitment Battery，BARB）采用了这种形式来生成题目。时至今日，这种方法作为核心部分，有效推动了开源的国际认知能力资源库（International Cognitive Ability Resource）的构建（Sun，Liu and Luo，2019）。

自动建议与报告系统

计算机的进一步应用也体现在专家建议与报告的自动生成上。大多数计算机化的测试或评分程序不再只报告分数，然后由专家进行解读，而是为答题者

或者其他终端用户直接提供陈述性报告。假如某个测验包含许多子测验，比如
Orpheus 职业人格量表（详见第 7 章），计算机可以识别极端分数，并结合其
他子测验的分数来解释这些极端分数，然后给出建议。在这种情况下，不仅需
要验证子测验的分数，还需要确认由这些分数得出的陈述是有效的。这也意味
着需要一系列更严格的规则来进行说明。这一点可以参考利用计算机进行临床
诊断的类似案例。如果在这个程序中出了差错，开错了药且病人因此丧命，那
么谁该为此负责？是计算机、临床医生，还是编写诊断程序的人？如果临床医
生独立进行诊断，那么我们清楚地知道谁该为过失承担责任。在法律上，显然
不能去追究计算机的责任。所以，由于使用了计算机推荐系统，似乎应该由测
试的开发人员承担此责任。然而，实际上更有可能的是，使用者自身需要承担
责任。有人强烈主张，这类计算机程序的出版商应该公开详细的资料来说明计
算机程序所遵循的决策规则，从而使专业的用户可以理解该程序所做出建议的
全部含义。曾经有人认为，在任何情况下，人们都不应该以"这是计算机的决
定"为借口逃避责任。为了杜绝这种情况的发生，在采纳计算机的决定时，每
一步都需要有人的参与。然而，深度学习这种多层机器学习系统的出现，例如
Google DeepMind 和 IBM Watson 以及汽车自动驾驶技术，使得这种美好的设
想基本上不再可能实现。

　　早在 20 世纪 80 年代，人们就已经开始注意到有关这类计算机化建议的伦
理问题。当时有人指出，使用计算机来解读测验结果会带来四个主要的问题。
第一，人们会质疑计算机是否优于人类专家。第二，计算机自动生成的报告可
能会被送到缺乏经验甚至是不具备资质的人员手中。第三，决策的规则并未公
开。第四，计算机化报告的有效性没有被充分证实。原则上讲，这其中的很多
观点如今依旧成立，并且同样适用于人工智能领域。然而，尽管它们描述的都
是事实，但要彻底废除计算化的报告已经太迟了。因此，无论是道德问题还是
社会问题，都必须以这样或那样的方式加以解决，不论结果是好是坏。每项应
用都需要一份行为准则，规定数据存放在哪里，谁是数据管理者，谁有访问权
限，数据的使用目的是什么，有效性的验证技术是什么，以及公布决策规则的
程序等。这些问题就像人类使用人工智能来进行决策时遇到的问题一样，在这
个过程中，必须考虑到错误决定的后果，并且能够为自己进行合法的辩护。然
而，机器学习的发展，特别是深度学习系统的应用使这种解释变得愈发困难，
甚至无法实现。

■ 心理测量中人工智能的发展

在电子时代之前，人工智能这一概念就已经出现，最早的人工智能机器也并非电子产品，而是机械产品。像算盘和星盘这种用于计算的机器已经有好几个世纪的历史了，远远早于查尔斯·巴贝奇（Charles Babbage）在 1820 年提出的"差分机"构想，他计划用这种机器来辅助数学制表。随后，他还设计了一台"分析机"，这台机器可以通过机械零件和打孔卡片的结合，同时实现指令和存储的功能，然而，他最终并没有打造完成。1837 年，数学家埃达·洛夫莱斯（Ada Lovelace）（拜伦勋爵的女儿）发表了第一种用于"计算机器"执行的算法，因此，她毫无疑问地成为世界上第一个计算机程序员。20 世纪早期出现了许多旨在实现巴贝奇机器的类似设备，这些设备不断进化，直至 20 世纪中叶，艾伦·图灵（Alan Turing）发现了计算机世界的数字本质，在这之后，第一台真正的计算机才被制造出来。时至今日，他的"图灵测试"仍旧集中体现了人们对人工智能的看法。现代人工智能大致可分为两个主要领域——专家系统和机器学习。

专家系统

专家系统提供了一套程序，它可以对测评的决策规则进行解释说明，并将其以软件的方式呈现出来。最新的专家系统可能非常复杂，其优势在于能够快速决策，并且保证一致性。早些年，心理学家往往是处于专家系统发展前沿的人物，许多计算机自适应测试程序和陈述性报告生成器实际上都是简单的专家系统。早期的专家系统专注于模拟"专家"的功能，比如会计师、银行经理和医生在处理业务时会如何操作。专家系统将知识库与具有系统化决策功能的推理机相结合，从而把"if-then"（如果–那么）这种分支结构编码为一个分等级的决策树框架。这种系统常用于医学诊断程序中，例如爱德华·费根鲍姆（Edward Feigenbaum）于 20 世纪 60 年代开发的斯坦福启发式编程项目（Stanford Heuristic Programming Project）。在运用这种专家系统时，病人不再接受医生的提问，而是回答计算机提出的问题，此时计算机的作用是通过编程模拟一个理想状态下完全知情的医疗顾问，其专业知识依赖于规则（如果病人抱怨大脚趾疼痛，就应该检查其血液中的尿酸水平）和数据（所有会导致大脚趾疼痛的原因）。由于计算机的存储量巨大且易于访问，所以只要有良好的学习资源，从原则上说计算机化的专家系统就应该能够胜过真实的医疗顾问。甚至在 20 世纪结束之前，许多领域的人工专家系统已经取代人类的工作。例如，本该由银行经理来进行的客户征信审批已经交由专家系统来完成。

心理测量中的专家一般指的是专业的面试官。事实上，我们也可以把经典的心理测验看作一个初步的专家系统。在人力资源部门使用的量表中，大多数问题从很多方面来说都类似于面试官可能会问的问题。然而，在人工智能出现以前，面试官一直都有绝对的优势，因为他们可以通过尝试不同的方法来达到相同的目的。比如，他们认识到，同样的技能可以通过许多不同的方式来获取。在做决定时，他们可以设置某些前提条件。面试官在提问时也会参考答题者对之前问题的作答。而经典的心理测验则没有这种能力，它们只能对所有人询问相同的问题，并在计分时采用相同的加权方式，而不管其是否适用于特定的个体。虽然这类数据便于统计分析，但是缺乏真实专家的灵活性。以这种方式组合加权分数的统计模型称为线性模型。如果决策过程中涉及某些前提条件，例如“只有当题目 y 出现特定的作答时，才使用题目 x 的作答”，这种模型就称为非线性模型。虽然统计学中的确有一些可以处理简单的非线性模型的方法，但是实际上，这些模型的复杂性远远超出了统计学的范畴。

虽然专家系统有许多优点，但是对于心理测量以及依赖于心理测量原理的考试与招聘测试系统而言，专家系统最初的影响非常有限。经典测验理论要求所有答题者参加相同的标准化测试，而仅仅是引入条件语句（if-then）就已经对测验等值构成了一个巨大的问题。直到后来，人们应用了项目反应理论和现代心理测量方法，这个问题才得以解决。今天，从本质上说，专家系统一般并不被看作人工智能（因为专家系统中的智能来自人类），但是有许多自动系统都源自专家系统，这些系统被应用于会计师、医生和其他职业人士的工作中，并改变了他们的工作方式。而真正的人工智能需要具备更多的功能，它需要学习如何提升系统以超过人类的水平，这种能力的开发由另外的科学家来完成。这些科学家主要研究人脑中神经元的工作机制，并尝试在机器中对其进行复刻。

神经网络（机器学习）

专家系统是人工智能的一种形式，但并不是唯一的形式。我们现在知道，机器既能学习，也能遵守规则。如今的机器学习算法，其背后的思想来源于神经心理学。具体来说，20世纪40年代，唐纳德·赫布（D. O. Hebb）提出了一个观点，即神经网络可以成为一种学习机制。机器学习系统指的是可以从经验中进行学习的计算机程序。人工神经网络的内部工作原理是这样的：在软件内部有一些节点，每个节点都在许多方面表现得如同人脑中的单个神经元一般。通过增加节点的数量、允许信号在它们之间自由流动，并且依据节点的历史调节信号的大小，就有可能模拟过去只有在有机体内才能实现的学习模式。这种模型在模式识别领域尤为成功，比如，可以通过训练人工神经网络来识别不同光线以及不同角度下模糊的车牌号码。在大多数情况下，机器学习网络的表现总是优于经典的专家系统或者是线性统计模型。机器学习在模式识别上的能力引起了心理测量学家的注意，因为它提供了另一种可以替代面试官的专家模型。也许要模拟一名优秀的面试官，我们需要的不是一个能够识别并遵循专家系统中那种规则的人，而是一个善于进行模式识别的人，因为面试官需要从求职者复杂的行为、情绪和动机中识别出真正的潜力。

这些模型可以用于开发心理测评工具吗？原则上是可行的。例如，心理测量学和计量经济学之间有很大的相似性，而机器学习系统在计量经济学领域获得了广泛的应用（例如股票市场的预测以及信用风险评估等）。实际上，信用评级的本质就是对传记数据进行打分。同样，预测效度的估计与承保人对保险风险的精算估计这两者之间也有许多相似性。然而，心理测量学也有一些特殊的地方。经典测量学与数理统计一同发展起来，并在其框架内建立了几乎所有的评价标准。这对计算机自适应测试和心理测量领域其他的人工智能系统构成了一个难题，因为这些新的范式需要全新的未曾使用过的方法来评估信度、效度、标准化以及偏差。而这些新方法一般不像经典方法那样简单清楚，往往也没有被广泛接受。尤其是在判例法中，法律都是依据传统制定的，其规则就是仅依据答对题目的数量来确定得分。尽管如此，毫无疑问的是，与传统方法相比，新技术在原则上具有许多优势。然而，任何新系统都需要回答以下两个重要的问题。首先，收益是否足够可观，是否足以证明实施这样一个相对未经验证的程序是值得的。其次，我们能否为它的使用制定一套标准，以满足人力资源专业人员的严格要求。

并行处理

20世纪中叶，心理学在概念范畴的层面遇到了一个难题。正如维特根斯坦（Wittgenstein，1958，P.232）当时所指出的：

　　　　将心理学称为一门"新兴学科"并不能解释为何它是如此混乱与贫瘠。它的地位与物理学不同，例如它的起源……

　　　　因为在心理学中，同时存在实验的方法与概念的混乱。实验方法的存在使我们认为我们有办法解决困扰我们的问题，尽管这些问题和方法错过了彼此。

　　有一种观点认为，可以对思想以电信交换（telephone exchange）的方式建模（维特根斯坦所提到的"实验方法"的一种）。当我们说话、打字或写作时，思想按照顺序进行。正如奥马·海亚姆（Omar Khayyam）在《鲁拜集》中所言："手起笔落，白纸黑字再难改。"这个观点并不是不可想象的，因为它类似于 20 世纪早期内省主义者所推崇的意识流，例如 20 世纪中叶记忆研究者提出的单通道假说、代码破译者所青睐的信号检测理论、行为主义者的刺激反应理论以及认知加工主义者的接收者操作特征曲线。然而，这个观点与大脑本身明显的复杂性和相互关联性形成了鲜明的对比。大脑不是由物理的或者生物的单一通道构成的，而是神经元之间多种多样的相互连接。根据维基百科提供的信息，人类的大脑中有大约 860 亿个神经元。每个神经元平均有 7 000 个突触与其他神经元相连接。据估计，一个 3 岁儿童的大脑中大概有 10 的 15 次方（1 000 万亿）个突触。这个数字随着年龄的增长而下降，到成年时趋于稳定。每个成年人的突触数量各不相同，大约在 100 万亿和 500 万亿之间（Herculano-Houzel，2012）。1949 年出现了突破性的进展，在这一年，赫布出版了《行为的组织》一书，并提出了联想学习（associative learning）这一观点。当两个神经元互相靠近并共同激发时，其中一个神经元的活动会影响另一个神经元的活动，而且这种现象在任意数量的神经元之间都可能发生。神经元之间的学习不是串联进行的，而是并行的，这种学习是神经元网络内在的一种活动，即神经网络。

　　如今在心理学以及广义上的神经科学领域，人们普遍认为，大脑中的学习必须在神经网络中进行，尽管其中的机制还远远不为人所知。这种观点在计算机界产生了重大的影响。我们所有的计算机和电话中的中央处理器（CPU）与多处理器（multiprocessor）类似于单一或者少量通道的概念，也确实在许多方面都与意识流的构想如出一辙。那么如果大脑中含有并行的学习系统，为什么计算机不可以呢？这并不是一个新的想法，早在 20 世纪 60 年代，就出现了使用并行处理器（PDP）的机器设计，这个想法也体现在 1958 年康奈尔大学弗兰克·罗森布拉特（Frank Rosenblatt）设计并命名的第一种机器学习算法——

"感知器"（perceptron）中。这些感知器遵循赫布式原则，并能够模仿统计中的回归模型。然而在实际中，协调许多不同 CPU 之间的时间比最初设想的要复杂得多。现在几乎所有的机器学习代码都在 CPU 的每一个多处理器上串联运行其"并行"程序，这虽然耗时，但好处是更加易于实现。

通过统计和机器学习进行预测

经典心理测量依赖于线性统计。在一个简单的层面上，机器学习程序和很多统计方法之间有许多相似性。我们可以用一个对比来说明这个问题，比如对比最早的机器学习算法之一——单层感知器，以及经典统计中用于分析心理测量基本题目数据的简单多元回归方程。假设有两组经理，他们的服务年限大致相同。第一组由 500 名获得晋升的经理组成，第二组由 500 名未获得晋升的经理组成。然后，对于这 1 000 个人，假设我们已经收集到了他们在十题大五人格测试中的数据（例如 Gosling、Rentfrow 和 Swann 于 2003 年发表的十题人格量表）。我们可以建立一个多元回归方程，这个方程能够根据他们对每一题的作答来预测某个人更有可能来自哪一组经理，而方程中的回归参数代表了每道题目的权重。另外，还可以假设我们采用了一种单极感知器机器学习算法，其中包含 10 个输入节点（每道题目一个）和两个输出节点（每组经理一个），每个节点都代表神经网络中的一个神经元。感知器通过每个个体的数据进行学习，而个体之间的顺序已经被随机化了。这保证了算法得到训练，以区分每个个体属于其中一组经理的概率。此时，我们会发现，输入节点与输出节点之间连接强度的比率与回归方程中的回归系数几乎是相同的。逻辑回归基本上就是一个具有 S 型激活函数的单层神经网络，因此也可以算作一种简单的感知器。只不过它太简单了，简单到都配不上神经网络这个名字。如果要更进一步，我们需要添加一些深度结构，比如可以在现有基础上，在输入和输出节点之间插入一个中间节点（也叫作"隐蔽节点"），使其成为一种简单的多层感知器。从这一步开始，回归与机器学习这两个模型之间就真正产生了差异。

现在我们认识到，传统的统计和机器学习作为数据分析的方法并不存在理论上的冲突。相反，它们之间可以看作一种从属关系。可以证明的是，所有经典的统计程序都可以表述为简单的机器学习系统（大多数情况下可被视为单层的感知器）的特例。在某些情况下，机器学习的结果并不是简单的类似于经典统计的结果，而是一种代数形式的表达。因此，它们之间的关系就像牛顿力学与爱因斯坦的理论之间的关系一样。当某些简单原则成立时，一个可以简化成另外一个。这里提到的简单原则就是线性原则。由此可以得出结论，如果我们使用机器学习算法来对心理测量的功能性测试进行效度检验，当采用单层网络时，我们至少可以重复传统题目分析程序的结果。此外，如果我们在网络中加入许多隐藏层（即深度学习），模型中就可以包含真实的非线性关系，从而提高预测能力。假如预测能力并没有提高，我们就可以放心地得出以下结论：我们根据易于理解的具有解释性的统计方法得出的线性结果是充分的，并且很可能是当前最好的结果。而更重要的是，这涉及一个新的问题，即可解释性。

目前为止，这两种模型都提供了一定的证据来解释这些题目为何能够预测群体属性。例如，在回归中可能存在五个干预变量，即五大人格维度，这是由原始量表的特性决定的。这就涉及一个不可忽略的人为干预因素，主要体现在量表的设计及其编制的过程上，并且早于数据收集本身。另外，机器学习算法相对比较独立，由于削弱了机器对于（可视为）纯数据的依赖，因而似乎违反了程序协议。此外，一旦我们允许多层网络的存在，感知器就会朝不同的方向发散，不再保持线性，这一点与回归是不同的。

对此，我们需要进一步解释说明。在经典逻辑中定义了两个语句之间可能出现的几种简单关系。我们以 X 和 Y 来表示这两个语句。两者都为真（X and Y），两者都为假（neither X or Y），一个为真另一个为假（X or Y），这些都具有线性可分的性质。也就是说，如果用图来表示，可以用直线来区分四种情况（X 为真，X 为假，Y 为真，Y 为假）。然而，经典逻辑还描述了 X 与 Y 之间的另一种关系：X 为真，或者 Y 为真，但两者不同时为真，也不同时为假。这个逻辑条件被称为"异或"，用"XOR"表示，无法用线性方式进行区分。每一种逻辑关系，X 和 Y，X 或 Y，以及 XOR，都可以用电子管或者计算程序中的开关来表示，因此，它们都可以用于计算以及机器学习的算法中。然而，统计中的回归来源于线性统计（即使是所谓的非线性回归和逻辑回归也依赖于线性转换来接近经典的线性解）。这一差异造成了两种方法之间的鸿沟。

直至 20 世纪 50 年代，马文·明斯基（Marvin Minsky）和西摩·佩珀特（Seymour Papert）才第一次向一群持怀疑态度的观众展示了一种简单的多层感知器，只需要两个中间节点就可以解决 XOR 的难题。这是区分机器学习与经典统计分析方法的第一步。此时的机器学习还是可以解释的，或者说只运用了很少几个中间节点。但是机器并不像人类的思维那样受到约束。它不需要解释任何事情。所以，为什么要止步于此呢？为什么不直接在程序中加入更多的节点和层（如今这被称为深度学习），以获得最佳的预测结果呢？如果在乎的只是预测的准确性，那么完全可以借此来提高收益。比如，可以使用邮政编码来预测保险风险或者信誉，可以使用历史行为记录来预测再犯罪率，可以使用在线点击来预测提高投资回报率的概率，也可以使用提取自数字足迹的心理画像来预测投票意向。机器学习已经发展到一个新的水平，它可以以一种人类有限的处理能力所不能及的方式极大地提高预测未来的准确性。

非线性的预测技术对于我们解决心理测量中长期存在的几个问题有着重要的意义。例如，人们经常注意到使用心理测验的一个局限性在于它常常会导致"克隆员工"的出现。比如，如果已知完美的销售人员的某个人格特征，那么使用心理测验很可能会选择一组都具有这种特征的人。原则上讲，这是不可取的，因为任何一个有效的团队需要的都不是成员之间的相似性，而是成员之间多样性的平衡。正如我们所知道的，完美的销售人员可能具备不同的特质，而每个人也可以通过多种多样的方式获得其独特的营销技能。经过训练的机器学习算法可以识别达到相同结果的不同途径，这一点是经典心理测验的所有范式都无法做到的，因为心理测验从本质上说局限于线性的预测。既然非线性的预测具有更高的效力，那么我们完全可以开发一种新型的测验设计方案，这也启发我们开创一种新的理论。然而，如果我们选择这样做，我们仍然需要回答刚才提到的第二个问题：我们是否能够足够精确地解释我们的程序，以获得同行的理解与支持呢？

可解释性

我们的法律和社会制度对决策的要求很高，对于一项决策而言，仅仅具备预测能力是不够的，不论所做出的预测是多么准确，或者能够带来多大的利润。在前面关于经理的例子中，在过去，可能男性比女性更容易获得晋升。假如使用一种简单的多层感受器，我们很可能会发现其中一个中间节点仅仅使用量表数据来判断性别，虽然预测的准确性因此提高了，但不能忽视的是，这些数据已经由于人类的偏见而受到了污染。同样，我们可能会发现很多节点为了达到相似的目的而使用了贫穷、种族、年龄等信息。如果有任何组织或者心理测量学家这么做的话，那么显而易见，其违反了平等机会法案。正是由于越来越多的人意识到了这一点，因此人们开始关注人工智能的可解释性这一问题。但是对于机器来说，即便是很简单的计算也很难解释，那么是否可以只允许人工智能应用于可解释的决策呢？既然心理测量的主要任务之一是开发测验预测未来，那么机器学习算法在多大程度上可以融入心理测量这一学科呢？效度是心理测量中的一个主要原则，预测效度对正确的诊断或者就业来说至关重要。如果机器学习可以提高预测的确定性，那么心理测量学家这一职业是否会成为那些注定会被人工智能取代的职业之一呢？

　　可解释性关心的是"为什么"这个问题，而这个问题有很多种回答的方法。在科学领域，这个问题大部分情况下是在询问起因。比如当我问"为什么会发生这种情况"的时候，我的意思是"是什么导致了这种情况的发生"。当两件事情碰巧同时发生或存在某种联系时，比如邮政编码与犯罪率之间存在某种关联，它们之间并不一定存在因果关系。但是如果我们发现了这样一种关系，那么从人类的角度来说，我们马上就会提出问题："为什么会这样呢？"虽然在统计学上普遍强调"相关性不等于因果关系"，即两个变量之间具有显著的相关性并不能证明两者之间具有因果关系，但是在许多情况下，相关的两个变量之间的确存在因果关系。如果要证明这种因果关系，可以观察是否当结果出现时起因也出现了，并且起因早于结果出现，或者是否可以排除直接起因之外的其他所有解释。

　　然而，大数据的出现对研究因果关系的传统方法构成了巨大的挑战。当数据量足够大时，两个变量之间再微弱的关系也会在统计学上变得显著。而我们今天所拥有的数据量是如此巨大，几乎不可能得到关系不显著的结果。严格来说，我们知道无穷加一仍然是无穷。但是如果从文艺一些的角度来说，这对已知的无穷种可能性并不公平。宇宙中有无穷个物体，计算它们之间的联系的数量不是简单的无穷乘以无穷，而是无穷乘以无穷，加上无穷乘以无穷减一，再加上无穷乘以无穷减二，等等。因此，即使是宇宙中最为巨大的人工智能也需要采用某种方式来缩减用于解释的路径数量，而不仅仅是人类的大脑需要捷径。

　　大数据分析比简单的统计显著性检验要复杂得多。如何排除变量之间可能存在的关系一直是统计学家和计算机学家共同面临的一个问题。在统计学中，路径图和结构方程建模在 20 世纪 60 年代开始流行起来，这一方法被证明可以有效地减少变量之间联系的数量。特别是受到遗传学家休厄尔·赖特（Sewall Wright）研究的影响，实际操作中一般会将某些路径设置为直接路径，将其他路径设置为间接路径，对心理测量的潜变量如智力等进行函数表示，并且考虑混淆变量和对撞变量不同的显著性问题。对撞变量阻断了两个变量之间的关系，而当两个相关的变量有共同的起因时，这个起因就构成了混淆变量。虽然人们最初并不赞成基于因果关系的解释方法，但最终还是接纳了这一做法，因为因果关系的假设可以为每个效应指明一个方向，这样做不仅是有意义的，还可以让模型变得更加简洁，实现了人们一直以来的愿望。神经网络的设计者们非常推崇奥卡姆（Occam）的简约法则，所以，今天因果网络非常流行（Pearl and Mackenzie, 2018）。可解释的人工智能有时被称为 XAI，现在在许多司法领域都受到了极大的关注。然而，如何在现有的心理测量传统中融入可解释的人工智能还有待观察。

网络空间中的心理测量

心理测量学中潜变量的使用可以追溯到弗朗西斯·埃奇沃思于 1888 年提出的真分数理论（详见第 4 章），这是向量代数首次应用于这门学科。在这之后，心理测量学中还引入了其他关于空间（不是网络空间）的类比，比如卡尔·皮尔逊在 1901 年发表的主成分分析，查尔斯·斯皮尔曼在 1905 年发表的对智商数据的因素分析，以及路易斯·瑟斯顿在 1934 年发表的为获得简单结构而进行的因素旋转。使用维度的概念可以将潜变量在空间中呈现出来。如果不使用维度的概念，那么以上这一切都是不可能的。这些方法都使用了向量或矩阵代数，这些都需要大量的计算，因此，人们迫切地需要更强的运算能力。随着 1960 年世界上第一台微型计算机（PDP1）的诞生，所有计算科学领域（也包括心理测量学）的活动都呈现出爆炸式的增长。世界上第一台超级计算机（Atlas）很快就成为世界所有一流大学必备的设备之一。20 世纪 70 年代诞生了分组交换网络和超文本。分组交换网络促进了超级计算机的普及，并使电子通信（例如通过在线网络传输电子邮件）成为可能。而超文本为因特网（网络之间的网络）以及后来的万维网奠定了基础。直到 20 世纪末，联网的个人电脑的商品化才真正地为心理测量学家指明了方向。即便是初级的心理测量学家和计算机学者也可以投入这种新型的通信系统所带来的无限可能中，借此摆脱计算机实验室的束缚，并在自己创造的新媒介中推广自己的应用。然而，在他们的身边，还有其他人存在，比如黑客、病毒开发者、计算机游戏玩家等。至此，网络空间诞生了，虽然它还并不智能。

什么是网络空间？网络空间在哪里？

为了理解在这个新的领域中发生了什么、正在发生什么和将要发生什么，研究网络空间的历史、属性和演变是很有必要的。正如没有生命就不会有生物学，没有人类就不会有心理学，没有网络科学（cyberscience）就无法真正地理解现代的在线交流。网络科学是有关网络空间的科学，但是网络空间真的存在吗？在 2001 年的一次采访中，律师安德烈亚·蒙蒂（Andrea Monti）提出了以下观点：

> 并不需要网络空间。所有与互联网相关的事物都可以用现有的概念类别来解释。互联网与技术无关，它只不过是用另一种方式让一个人与另一个人交流。

然而，在 2011 年，英国政府发布了一份有关网络安全战略的文件，其中对网络空间给出了一个不同的定义：

> 网络空间是一个由用于存储、修改和沟通信息的数字网络组成的互动领域。它包括互联网，也包括其他支撑我们商业、基础设施和服务的信息系统。

在 2016 年，英国政府还将网络空间内的威胁确定为对国家的一级威胁。

媒介就是信息

马歇尔·麦克卢汉在 1964 年提出了一个著名的观点，即"媒介就是信息"。他认为，信息对个人和社会的影响会因为媒介的不同而改变，无论是演讲、写作、出版、电报、电话、艺术、雕塑、建筑、广播还是电视。他的这句话用来描述如今的社会再贴切不过了。然而，网络空间的存在仍旧是个谜题。它在哪里？它是什么？它如何运行？为何如此？毕竟大多数的传播媒介，例如书籍、电话和电视等，都舒舒服服地待在我们的物理世界中。但是，我们日常生活的真实世界，就像我们祖先所认知的平面地表（而不是球面）一样，与现代天体物理学中的世界有很大的区别。现在我们对宇宙、星系、恒星和行星的理解建立在一套完全不同的空间概念之上。也许在精神领域，我们需要一门新的科学，就像几何学对天文学的意义一样。心理学自身已经不足以支撑进一步的研究，而且自机器诞生以来，我们需要的不再是关于意识的科学，而是关于智能的科学。

网络空间是人类与智能机器（无论是机器学习系统还是人工智能系统）相互作用的地方。在机器变得智能之前，这是一个相当沉闷的环境。毕竟，没有机器，人类也可以很容易地彼此交流。但是，机器能够学会区分不同人的数字足迹，这在许多方面都改变了游戏的规则。它使多人实时在线营销成为可能，这一技术可以依据每个人独特的数字足迹进行精准的推送。由此带来的收入可以说是互联网大规模扩张的唯一资金来源，而其中很大一部分又会被用于完善机器，以更好地了解人类的弱点。与此同时，人类也越来越多地向彼此暴露自己的希望和恐惧，这为学习算法提供了更多的素材。自此之后，人类与以前再也不一样了。

在20世纪80年代，我们传递在线信息的媒介似乎没有什么特别重要的意义。但现在，情况发生了改变。只要我们拿起手机或者电脑键盘，我们的数字行为和相应的足迹就会被记录下来，因为我们已经成为一个目标。在这个已经变成"黑暗森林"的地方，数字机器试图向我们出售商品，影响我们，向我们学习，以我们为目标，说服我们，欺骗我们，有时甚至会消灭我们。这不由让人想起了但丁·阿利吉耶里（Dante Alighieri）的世界：

> 在人生的中途，我发现我已迷失了正路，走进了一座幽暗的森林，笔直的路已经消失了。

（但丁·阿利吉耶里，《神曲：地狱篇》，1320年）

抑或是刘慈欣的描述：

> 宇宙就是一座黑暗森林，每个文明都是带枪的猎人，像幽灵般潜行于林间，轻轻拨开挡路的树枝，竭力不让脚步发出一点儿声音，连呼吸都小心翼翼……他必须小心，因为林中到处都有与他一样潜行的猎人。如果他发现了别的生命，不管是不是猎人，不管是天使还是魔鬼，不管是娇嫩的婴儿还是步履蹒跚的老人，也不管是天仙般的少女还是天神般的男孩，能做的只有一件事：开枪消灭之。在这片森林中，他人就是地狱。

（刘慈欣，1999年）

这是刘慈欣对于费米悖论的解释。虽然我们未能找到外星智能人的踪迹，但是人类在交流时也可能存在黑暗空间，这一点也不新鲜。

> 我们如今仿佛对着镜子观看，模糊不清，到那时，就要面对面了。我如今所知道的有限，到那时就全知道，如同主知道我一样。

（圣保罗，哥林多前书 13:12-13）

人工智能的道德发展

要回答"为什么"这个问题，因果关系并不是唯一的处理方法。尤其是人类的行为还可以用其原因或者目的来解释，例如"你为什么这么做"或者"为什么会是这样"。在科学领域，目的在某种程度上只是一个很糟糕的借口。目的论的解释依赖于发生在未来的起因，比如《圣经》中常见的"这是要应验先知的话"，这在今天看起来非常难以想象。然而，就当下的行为而言，人们常常会提到伦理上的原因，而不是直接的起因，类似于"虽然这不会带来最好的结果，但是这看起来是正确的做法"。这一点可能很重要，因为人工智能向我们提出的很多方案恰恰是在伦理层面上，而不是在诸如个人收入或者财务收益这些象征成功的指标上不合格。这就引出了另外的问题："机器是否能够无视对成功的探索转而追求伦理价值？"以及"是否可以教导机器这么做？"乃至"机器是否可以学会这么做？"曾经作为孩子，我们最早学会的事情之一是延迟满足，即为了明天的收益而放弃眼前的好处。我们还学会了交换的基本原则："如果我们尊重他人，（希望）他人也会同样地对待我们。"在古典的世界里，这被认为是一种非常理性的行为方式。事实上，恶行与美德之间的对立在很大程度上被认为是一个进化的过程：从野蛮的人或暴躁的孩子不受控地表达情绪，到理性地表达情感，直至最终的神性。在没有语言的情况下，人类能否学会道德价值观，这是一个有争议的问题。但是如果我们假设，个体置身于一种语言环境中是这一过程的必要条件，那么也许人工智能在网络空间内持续进行互动也为它们提供了一个学习道德价值的机会。

柯尔伯格的道德发展理论

最著名的人类道德发展理论是由让·皮亚杰（Jean Piaget）和劳伦斯·柯尔伯格（Lawrence Kohlberg）提出的。相对而言，柯尔伯格的理论可能更为复杂一些。他认为道德发展会经历三个水平：前习俗水平（0～9岁）、习俗水平（大多数是青少年和成年人）、后习俗水平（10%～15%是20岁以上的人）。每个水平又可以分为两个阶段。

水平一：前习俗水平

- 第一阶段：服从。受到惩罚的行为被定义为错误的行为。如果一个孩子因为偷窃而被斥责，那么偷窃自然就是错误的行为。

- 第二阶段：利己。做出正确的行为是为了完成他人希望自己去做的事情。在这个阶段，任何对他人的关心都只是出于自私。

水平二：习俗水平

- 第一阶段：顺从。取悦他人即为从善，孩子对待道德的态度取决于大多数人如何定义对与错。
- 第二阶段：法律与秩序。做好人意味着对社会尽职尽责。在这一阶段，道德原则和法律原则之间没有任何区分。权威定义了什么是正确的，只要不遵守规则就是不正确的。为此，我们绝对地服从法律并尊重权威。

水平三：后习俗水平

- 第一阶段：社会契约定向。正确和错误由个人价值观决定，尽管民主议定的法律可以推翻这些价值观。但是当法律与我们自己的正义感发生冲突时，我们可以选择忽略法律。
- 第二阶段：普遍伦理原则。我们的行为遵从根深蒂固的道德原则，并视这些原则重于国家法律。

最初，柯尔伯格严格遵循皮亚杰的认知发展理论，将水平一界定为 0～5 岁，第一阶段为婴儿期，第二阶段为学龄前期。水平二大部分见于学龄儿童，而水平三常见于青少年（大多数人仍旧在受教育阶段）和大多数成年人。后来，他认为很少有成年人能够达到水平三。虽然柯尔伯格的研究方法因为缺乏多元文化的观点而受到严重的批评，并被认为有一些精英主义和哲学循环的倾向，但它的确提供了一个框架，在这个框架内，我们可以从道德的角度来比较人类和机器的行为。

机器有道德吗?

如果我们考虑人工智能在广告中的主要用途在于提高各种在线链接的投资回报率，那么这不过就是变相的奖励与惩罚：更多的点击得到奖赏，而更少的点击得到惩罚。这看起来非常类似于柯尔伯格的水平一的两个阶段。因此，如果我们将人工智能算法当作一个自然人，我们就可以说它的道德水平相当于一个3岁的儿童。唯一的区别在于，训练它的不是父母，而是公司。在此基础上，人工智能的道德水平还能进一步提高吗？

如果它和人类心理的发展趋势一样，那么要达到柯尔伯格所说的下一个水平，机器就需要理解"他人"的概念。对人类而言，这涉及心智理论（theory of mind），即能够识别他人的意图与信念，并理解他人也有情感、欲望、知识和策略。虽然这对机器来说可能是一个很高的要求，但是至少我们可以假设，对于儿童来说，形成这种思维的内部机制是基于一定形式的模仿。通过模仿他人的行为，我们逐步理解了自身的行为，并发展了心智理论的能力。目前，似乎很难想象如何设计一台机器来完成这一切。不过我们已经有了像 Siri、谷歌助理、Alexa 这种能够与我们交谈互动的智能机器。我们还解决了儿童与这些设备互动时所产生的问题。这一点现在变得愈发重要，因为儿童特别是幼儿，往往把这些设备当作人来对待，所以我们需要确保他们在互动时保持适当的礼貌与尊重。然而，在运用这种方式教育儿童的同时，难道我们不也在训练机器来模仿他人的行为吗？显而易见，机器正在采用这种类似的方式来学习何为得体的行为。如果这就是所必需的学习，那么我们有理由期待，在不久的将来，更为复杂的人工智能和智能机器人能够具有 7 ~ 8 岁儿童的道德水平。但是人工智能当然不是一个 8 岁的儿童，它的力量要大得多。对于儿童，我们会非常小心地为他设置一个活动范围，既是为了他自己的安全，也是为了他人的安全。如果对人工智能没有任何规章形式的约束，那么它很可能就会变得如同迪士尼电影《幻想曲》中的神奇扫帚一样。

如果一个儿童成长为一个成年人，但是道德水平却没有发展，会发生什么呢？在精神病学中，对这种状况的诊断长期以来存在着争议。赫维·克莱克利在 1941 年出版的《理智的面具》一书中，将上述状况描述为精神变态，一种以缺乏移情、悔恨和羞耻为特征的发育障碍，且常常表面上看起来很有魅力。虽然这一概念与未遵循柯尔伯格发展理论的道德滞后之间存在明显的相似性，但是现有的证据却是矛盾的。在被问及道德问题时，精神变态患者似乎也能够给出正确的答案。在认知层面，他们似乎理解道德的含义。虽然他们知道什么是其他人眼中正确的事情，但是却认为自己没有必要去遵循这些价值观。出于某种原因，他们的道德和情感发展走向了与大多数青少年和成年人不同的道路。美国精神病学协会的《精神疾病诊断与统计手册》（详见第 7 章）对此做出了非常精确的定义。这一状况被命名为反社会型人格障碍，其主要诊断标准是不符合社会规范对于守法的要求、狡诈虚伪、行事鲁莽、不在意他人的安危，以及长久的无责任感。过去我们认为，人工智能机器只具备认知功能，但是现在我们知道，它们不仅可以轻易地识别人类的情感，还可以表现得好像真实经历了情感一般，这就仿佛精神变态患者一样。在道德方面，它们还没有超越精神变态的水平。

机器人法则

人工智能无法遵循柯尔伯格所提出的水平三的原则，如果继续任由其发展，我们就会面临严重的危机。艾萨克·阿西莫夫（Isaac Asimov）在1950年出版的《我，机器人》一书中提到了这种危险，并设想了三种或许可以解决这一问题的机器人法则：

1. 机器人不能伤害人类，也不能通过不作为的方式来使人类受到伤害。

2. 机器人必须服从人类下达的命令，除非这个命令会与第一法则相违背。

3. 机器人在不违背第一法则和第二法则的基础上必须保护自己的安全。

这会有用吗？几乎可以肯定的是，没用。因为这与柯尔伯格的水平一和水平二几乎是一样的，所以答案是否定的。现代的人工智能驱动的机器人需要发展自己的道德，形成它们自己的价值观，而不是由权威来定义。对阿西莫夫来说，这或许只是虚构的小说，但是现在，这已经成为现实。

自动驾驶汽车或许是我们这个时代最接近阿西莫夫的设想的机器人之一。然而，目前我们试图向这些设备灌输的一些原理，例如，当马路上忽然冲出来一个孩子，应该如何在司机与孩子的风险之间做出判断，还停留在柯尔伯格的水平二，相当于教育我们的孩子不要对机器人出言不逊。现在的无人驾驶汽车不会撒谎，尽管可能会造成事故，但它们不会表达懊悔或者羞愧，因为它们不懂得心智理论。目前基于人工智能的军用无人机也无法对自己的行为负责，无论它们杀了多少人。

人工通用智能

因此，人工智能显然还有一些路要走。尽管人工智能或许可以学会如何表现得好像具有某些意图，但是将这种意图归于机器还是有些奇怪。也许有一天，人工通用智能（artificial general intelligence）能够做到这一点，但是那一天还没有到来。可是，行为背后是否具有意图真的重要吗？如果一台机器可以通过有着复杂道德问题的图灵测验，又何必要在乎这台机器究竟是在应用道德原则，还是已经具有意识呢？许多人认为，有意识的人工智能这一想法是荒谬的，但是他们可能没有意识到自己正在步入一个不想要的未来。我们与他人的大部分互动都与对方是否有意识无关。如果我在商店里询问某样东西的价格，我对店主是不是一个有意识的人毫不关心，我只是想知道答案。同样，当会计师帮助我完成纳税申报时，他所使用的软件是否有意识也完全不在我的考虑范围之内。我们的专业顾问正愈发地依赖人工智能的支持，而人工智能本身也愈发地依赖不可解释的深度学习算法（详见第 4 章）。我们越来越依赖于大公司而不是专业人士来获取建议，而这些大公司本身就是法人实体，它们也越来越依赖于基于机器的信息处理，其具体过程超出了所有人类员工的理解范围。那么，今天的科技巨头还是真正的人类吗？还是说人工通用智能的时代已经悄然来临了？

小结

自 19 世纪以来，心理测量学已经取得了长足的进步。我们见证了智商测试、多元智力测试、人格测试、态度测试、信念测试、品格测试、动机测试等各种各样人类特征测试的诞生和发展。同时，信息技术快速发展，借助现代技术，我们能够更为精确地测评能力、人格、欲望、意图以及行为。科技公司已经把这种技术变成了赚钱的机器，从而支持其以越来越快的速度在全球扩张。目前，这些公司仍然受到其经营所在地的法律管辖，因此，仍然可以对其进行监管。然而，各国政府也同样愈发依赖人工智能方案来管控其民众，赋予它们从前无法想象的权力。我们这个时代最重要的挑战将是，确保这些依赖于人工智能的政府继续对我们、对所有的公民负责。

参考文献

Alighieri, Dante (1935). *The Divine Comedy of Dante Alighieri: Inferno, Purgatory, Paradise* (pp. 1265–1321). New York: The Union Library Association.

Allport, G., & Odbert, H. (1936). Trait names: A psycholexical study. *Psychological Monographs, 47*(1), 1–171.

Asimov, I (1950). *I, Robot*. New York: Gnome Press.

Atkinson, R. D., Brake, D., Castro, D., Cunliff, C., Kennedy, J., McLaughlin, M., McQuinn, A., & New, J. (2019) Guide to the "Techlash": What it is and why it's a threat to growth and progress. *Information Technology and Innovation Foundation*, October 28, 2019.

Barrick, M. R., & Mount, M. K. (1991). The Big Five personality dimensions and job performance: A meta-analysis. *Personnel Psychology, 44*(1), 1–26.

Binet, A., & Simon, T. (1916). *The Development of Intelligence in Children* . Baltimore: Williams & Wilkins.

Birnbaum, A. (1968). Some latent trait models and their use in inferring an examinee's ability. In F. M. Lord & M. R. Novick (eds.), *Statistical Theories of Mental Test Scores*. Reading, MA: Addison-Wesley.

Bloom, B. (1956). *Taxonomy of Educational Objectives*. New York: Longmans.

Bond, M. H. (1997). *Working at the Interface of Culture: Eighteen Lives in Social Sciences*. London: Routledge.

Boring, E. G. (1957). *A History of Experimental Psychology, 2nd edition*. New York: Appleton-Century-Crofts.

Brown, T. A. (2006). *Confirmatory Factor Analysis for Applied Research*. New York: Guilford Press.

Cattell, R. B. (1957). *Personality and Motivation Structure and Measurement*. New York: World Book.

Cheung, F., Leung, K., & Zhang, J. (2001). Indigenous Chinese personality constructs: Is the five factor model complete? *Journal of Cross-Cultural Psychology, 32*, 407–433. doi: 10.1177/0022022101032004003.

Cleckley, H. M. (1976). *The Mask of Sanity (5th edition)*. London: Mosby.

Cleckley, H. (1941). *The Mask of Sanity: An Attempt to Reinterpret the So-Called Psychopathic Personality*. St Louis: C.V. Mosby.

Concerto (2019). Cambridge, UK: The Psychometrics Centre, University of Cambridge. Retrieved from https://www.psychometrics.cam.ac.uk/newconcerto.

Darwin, C. (1971). *The Descent of Man, and Selection in Relation to Sex*. London: JohnMurray.

Darwin, C. (1859). *On the Origin of Species by Means of Natural Selection, or the Preservation of Favoured Races in the Struggle for Life*. London: John Murray.

Darwin, C. R., & Wallace, A. R. (1858). On the tendency of species to form varieties; and on the perpetuation of varieties and species by natural means of selection. *Journal of the Proceedings of the Linnean Society of London, Zoology, 3*(9), 45–62.

Edgeworth, F. Y. (1888). The statistics of examinations. *Journal of the Royal Statistical Society, 51*(3), 599–635.

Embretson, S. E., & Reise, S. P. (2000). *Item Response Theory for Psychologists*. Multivariate Applications Books Series. Mahwah, NJ: Lawrence Erlbaum Associates Publishers.

Eysenck, H. J. (1967). *The Biological Basis of Personality*. Springfield, IL: Thomas Press.

Eysenck, H. J. (1970). *The Structure of Human Personality (3rdedition)*. London: Methuen.

Feldt, L. S., & Brennan, R. L. (1989). Reliability. In R. L. Linn (ed.), *Educational Measurement*. The American Council on Education/Macmillan Series on Higher Education　(pp. 105–146). New York: Macmillan Publishing Co, Inc; American Council on Education.

Flynn, J. R. (1984). The mean IQ of Americans: Massive gains 1932 to 1978. *Psychological Bulletin, 95*, 29–51.

Flynn, J. R. (2007). *What is Intelligence?: Beyond the Flynn Effect*. Cambridge, UK: Cambridge University Press.

Flynn, J. R. (2016). Does your family make you smarter? *Nature, nurture, and Human Autonomy*. Cambridge, UK: Cambridge University Press.

Galton, F. (1865). Hereditary talent and character. *Macmillan's Magazine, 12*, 157–166. Note: Galton's misspelling of Phillipps as Phillips.

Galton, F. (1884). Measurement of character. *Fortnightly Review, 42*, 179–182.

Gardner, H. (1983). *Frames of Mind: The Theory of Multiple Intelligences*. New York: Basic Books.

Gosling, S. D., Rentfrow, P. J., & Swann, W. B., Jr. (2003). A very brief measure of the big five personality domains. *Journal of Research in Personality, 37*, 504–528.

Hebb D. O. (1949).　*The Organization of Behavior: A Neuropsychological Theory*. New York, NY: John Wiley & Sons.

Herculano-Houzel, S. (2012). The remarkable, yet not extraordinary, human brain as a scaled-up primate brain and its associated cost. *Proceedings of the National Academy of Sciences (PNAS), 109*(Supplement 1), 10661–10668. first published June 20, 2012. https://doi.org/10.1073/pnas.1201895109.

International Cognitive Ability Resource (2018). Retrieved from icar-project.com.

International Personality Item Pool (IPIP) (2006). Retrieved from https://ipip.ori.org/.

Jenner, E (1807). Classes of the human power of intellect. *The Artist, 19*, 1–7.

Jin, Y. (Ed.) (2001). Psychometrics (pp.　2–9). Hua Dong Normal University Press: Shanghai. (in Chinese).

Kleinberg, J., Lakkaraju, H., Leskovec, J. H., Ludwig, J., & Mullainathan, S. (2018) Human decisions and machine predictions. *Quarterly Journal of Economics. 133*, 237–293.

Kosinski, M., Stillwell, D., & Graepel, T. (2013). Private traits and attributes are predictable from digital records of human behavior, *Proceedings of the National Academy of Sciences of the USA*, April 2013.

LeBreton, J. M., Shiverdecker, L. K., & Grimaldi, E. M. (2018). The dark triad and workplace behavior. *Annual Review of Organizational Psychology and Organizational Behavior, 5*, 387–414.

Liu, C. (2015). *The Dark Forest (The Three Body Problem)*. New York: Tor Books.

McLuhan, M. (1964). *Understanding Media: The Extensions of Man*. New York: McGraw Hill.

Monti, A. (2001). *Does Cyberspace Exist? APC Europe Internet Rights Workshop*, Prague, February 2001. https://blog.andreamonti.eu/?p=38.

Pearl, J., & Mackenzie., D. (2018). *The Book of Why: The New Science of Cause and Effect*. New York: Basic Books.

Popham, W. J. (1999). Why standardized tests don't measure educational quality. *Educational Leadership, 56*(6), 8–15.

Qi, S. Q. (2003). *Applying Modern Psychometric Theory in Examination* (pp.　2–5). WuHan: HuaZhong Normal University Press (in Chinese).

Rumelhart, D., & McClelland, J. (1986). *Parallel Distributed Processing: Explorations in the Microstructure of Cognition*. London: MIT Press.

Rust, J. (1997). *Giotto Manual*, London, UK: Pearson Assessment.

Rust, J. (2019). *The Orpheus Business Personality Inventory (OBPI)*, Cambridge, UK: The Psychometrics Centre, University of Cambridge.

Rust, J. & Golombok, S. (2020). *The Golombok Rust Inventory of Sexual Satisfaction (GRISS)*, Cambridge, UK: The Psychometrics Centre, University of Cambridge.

Rust, J., & Golombok, S. (2020). *The Golombok Rust Inventory of Marital State (GRIMS)*, Cambridge, UK: The Psychometrics Centre, University of Cambridge.

Rust, J., Golombok, S., & Collier, J. (1988). Marital problems and sexual dysfunction: How are they related? *British Journal of Psychiatry, 152*, 629–631.

Saville, P., Holdsworth, R., Nyfield, G., Cramp, L., & Mabey, W. (1984). *Occupational Personality Questionnaires Manual*. London: Saville & Holdsworth Ltd.

Sternberg, R. (1990). *Wisdon: Its Nature, Origin and Development*. Cambridge, MA: MIT Press.

Strong, E. K. (1943). *Vocational Interests of Men and Women*. Stanford, CA: Stanford University Press.

Stillwell, D. (2007) myPersonality https://sites.google.com/michalkosinski.com/mypersonality.

Sun, L., Liu, Y., & Luo, F. (2019). Automatic generation of number series reasoning items of high difficulty. *Frontiers in Psychology 10*:884.

Terman, L. M. (1919). *Measurement of Intelligence*. London: Harrap.

Tett, R. P., Jackson, D. N., & Rothstein, M. (1991). Personality measures as predictors of job performance: A meta-analytic review. *Personnel Psychology, 44*(4), 703–742.

The UK Cyber Security Strategy: Protecting and promoting the UK in a digital world, November 2011, HMSO London. https://www.gov.uk/government/publications/cyber-security-strategy.

Thomson, W. (1891). *Popular Lectures and Addresses.*. London: MacMillan.

Thorndike, R. M., & Thorndike-Christ, T. M. (2014). *Measurement and Evaluation in Psychology and Education* (8^{th}edition). New York, NY: Pearson Education.

Wainer, H., Dorans, N. J., Flaugher, R., Green, B. F., & Mislevy, R. J. (2000). *Computerized Adaptive Testing: A Primer*. London, UK: Routledge.

Wang, D. F., & Chiu, H. (2005). Measuring the personality of Chinese: QZPS vs. NEO PI-R. *Asian Journal of Social Psychology, 8*(1), 97–122.

Wittgenstein, L. (1958). In G. E. M. Anscombe (trans). *Philosophical Investigations* (3rd edition). Englewood Cliffs, NJ: Prentice Hall.

Youyou, W., Kosinski, M., & Stillwell, D. (2015). Computer-based personality judgments are more accurate than those made by humans, *Proceedings of the National Academy of Sciences of the USA (PNAS)*, September 2013.

推荐阅读书目

ISBN	书名	作者	单价（元）
心理学译丛			
978-7-300-26722-7	心理学（第3版）	斯宾塞·A.拉瑟斯	79.00
978-7-300-29372-1	心理学改变思维（第4版）	斯科特·O.利林菲尔德 等	168.00
978-7-300-13001-9	心理学研究方法（第9版）	尼尔·J.萨尔金德	78.00
978-7-300-22490-9	行为科学统计精要（第8版）	弗雷德里克·J.格雷维特 等	85.00
978-7-300-28834-5	行为与社会科学统计（第5版）	亚瑟·阿伦 等	98.00
978-7-300-22245-5	心理统计学（第5版）	亚瑟·阿伦 等	129.00
978-7-300-33245-1	**现代心理测量（第4版）**	**约翰·罗斯特 等**	58.00
978-7-300-13307-2	伯克毕生发展心理学：从0岁到青少年（第4版）	劳拉·E.伯克	118.00
978-7-300-18303-9	伯克毕生发展心理学：从青年到老年（第4版）	劳拉·E.伯克	55.00
978-7-300-29844-3	伯克毕生发展心理学（第7版）	劳拉·E.伯克	258.00
978-7-300-32150-9	伯克毕生发展心理学（第7版·精装珍藏版）	劳拉·E.伯克	698.00
978-7-300-30663-6	社会心理学（第8版）	迈克尔·豪格 等	158.00
978-7-300-18422-7	社会性发展	罗斯·D.帕克 等	59.90
978-7-300-21583-9	伍尔福克教育心理学（第12版）	安妮塔·伍尔福克	139.00
978-7-300-29643-2	教育心理学：指导有效教学的主要理念（第5版）	简妮·爱丽丝·奥姆罗德 等	109.00
978-7-300-31183-8	学习心理学（第8版）	简妮·爱丽丝·奥姆罗德	118.00
978-7-300-23658-2	异常心理学（第6版）	马克·杜兰德 等	139.00
978-7-300-17653-6	临床心理学	沃尔夫冈·林登 等	65.00
978-7-300-18593-4	婴幼儿心理健康手册（第3版）	小查尔斯·H.泽纳	89.90
978-7-300-19858-3	心理咨询导论（第6版）	塞缪尔·格莱丁	89.90

978-7-300-29729-3	当代心理治疗 （第 10 版）	丹尼·韦丁 等	139.00
978-7-300-30253-9	团体心理治疗 （第 10 版）	玛丽安娜·施奈德·科里 等	89.00
978-7-300-25883-6	人格心理学入门 （第 8 版）	马修·H. 奥尔森 等	98.00
978-7-300-14062-9	社会与人格心理学 研究方法手册	哈里·T. 赖斯 等	89.90
978-7-300-12478-0	女性心理学（第 6 版）	马格丽特·W. 马特林	79.00
978-7-300-18010-6	消费心理学：无所不在 的时尚（第 2 版）	迈克尔·R. 所罗门 等	99.80
978-7-300-12617-3	社区心理学：联结个体 和社区（第 2 版）	詹姆士·H. 道尔顿 等	79.80
978-7-300-16328-4	跨文化心理学 （第 4 版）	埃里克·B. 希雷	55.00
978-7-300-14110-7	职场人际关系心理学 （第 12 版）	莎伦·伦德·奥尼尔 等	49.00

当代西方社会心理学名著译丛

978-7-300-32190-5	超越苦乐原则：动机 如何协同运作	E. 托里·希金斯	198.00
978-7-300-31154-8	道德之锚：道德与社会 行为的调节	娜奥米·埃勒默斯	88.00
978-7-300-30024-5	情境中的知识：表征、 社群与文化	桑德拉·约夫切洛维奇	68.00
978-7-300-30022-1	偏见与沟通	托马斯·佩蒂格鲁 等	79.80
978-7-300-28793-5	偏见（第 2 版）	鲁珀特·布朗	98.00
978-7-300-28542-9	归因动机论	伯纳德·韦纳	59.80
978-7-300-28329-6	欲望的演化：人类的择 偶策略（最新修订版）	戴维·巴斯	79.80
978-7-300-28458-3	努力的意义：积极的 自我理论	卡罗尔·德韦克	59.90
978-7-300-13011-8	语境中的社会建构	肯尼斯·J. 格根	69.00
978-7-300-13009-5	社会认同过程	迈克尔·A·豪格 等	59.00

* * * *

更多图书信息请登录中国人民大学出版社网站：www.crup.com.cn

图书在版编目（CIP）数据

现代心理测量：第4版 /（英）约翰·罗斯特，（英）
迈克尔·科辛斯基，（英）戴维·史迪威著；孙鲁宁，
李思瑶译. --北京：中国人民大学出版社，2025.1.
（心理学译丛）. --ISBN 978-7-300-33245-1

Ⅰ. B841.7

中国国家版本馆CIP数据核字第2024YD1753号

心理学译丛
现代心理测量（第 4 版）
约翰·罗斯特
［英］迈克尔·科辛斯基　著
戴维·史迪威
孙鲁宁　李思瑶　译
骆　方　审校
Xiandai Xinli Celiang

出版发行	中国人民大学出版社		
社　　址	北京中关村大街31号	**邮政编码**	100080
电　　话	010-62511242（总编室）		010-62511770（质管部）
	010-82501766（邮购部）		010-62514148（门市部）
	010-62515195（发行公司）		010-62515275（盗版举报）
网　　址	http://www.crup.com.cn		
经　　销	新华书店		
印　　刷	涿州市星河印刷有限公司		
开　　本	787mm×1092mm　1/16	**版　　次**	2025年1月第1版
印　　张	13.5插页2	**印　　次**	2025年1月第1次印刷
字　　数	230 000	**定　　价**	58.00元